南方丘陵地区蜜橘微灌技术

孔琼菊 裴青宝 胡优 余雷 等 编著

中国水利水电出版社
www.waterpub.com.cn
·北京·

内 容 提 要

本书以蜜橘节水灌溉技术为研究方向，归纳总结了国内外微灌技术研究进展，通过室内试验研究了多因素影响下微灌水肥运移规律，结合两年的大田试验观测数据，对比分析了滴灌、涌泉灌、微润灌及透水混凝土渗灌等4种微灌溉技术不同灌水量对蜜橘生长、产量、品质以及水分利用效率的影响。研究结果表明，适宜南方丘陵地区蜜橘微灌技术的先后顺序为滴灌、透水混凝土渗灌、涌泉灌和微润灌。本书可为南方丘陵区域蜜橘节水灌溉提供参考。

本书可供从事蜜橘节水灌溉相关技术人员和相关专业的高校师生阅读参考。

图书在版编目（CIP）数据

南方丘陵地区蜜橘微灌技术 / 孔琼菊等编著. -- 北京 : 中国水利水电出版社, 2023.12
ISBN 978-7-5226-2095-4

Ⅰ. ①南… Ⅱ. ①孔… Ⅲ. ①丘陵地－橘－果树园艺－节水栽培 Ⅳ. ①S666.2

中国国家版本馆CIP数据核字(2023)第245766号

书　　名	**南方丘陵地区蜜橘微灌技术** NANFANG QIULING DIQU MIJU WEIGUAN JISHU
作　　者	孔琼菊　裴青宝　胡　优　余　雷　等 编著
出版发行	中国水利水电出版社 （北京市海淀区玉渊潭南路1号D座　100038） 网址：www.waterpub.com.cn E-mail：sales@mwr.gov.cn 电话：(010) 68545888（营销中心）
经　　售	北京科水图书销售有限公司 电话：(010) 68545874、63202643 全国各地新华书店和相关出版物销售网点
排　　版	中国水利水电出版社微机排版中心
印　　刷	北京中献拓方科技发展有限公司
规　　格	170mm×240mm　16开本　9.25印张　181千字
版　　次	2023年12月第1版　2023年12月第1次印刷
定　　价	**48.00元**

我国是农业大国，农业用水量占总用水量的比例最大，据 2021 年《中国水资源公报》，全国用水总量为 5920.2 亿 m^3，其中农业用水量为 3644.3 亿 m^3，占比约为 61.9%。据统计，2021 年农田灌溉水有效利用系数为 0.568，2022 年农田灌溉水有效利用系数为 0.570 以上。农业节水有着巨大的潜力，采用高效节水灌溉技术和方法，是促进农业现代化发展、稳定粮食生产的重要措施之一。蜜橘是江西省以及南方地区的重要经济作物之一，受水资源短缺和不均匀降雨分布等因素的影响，传统的灌溉方式难以满足蜜橘的生长需求，影响了产量和品质。微灌技术作为一种高效节水的灌溉方式，被广泛应用于蜜橘灌溉中。本书介绍了南方丘陵地区蜜橘微灌技术，旨在进一步推广新的节水灌溉技术，为蜜橘种植者提供科学的技术指导，推动该地区蜜橘种植业的可持续发展。

本书系统梳理了高效节水灌溉技术，阐述了我国蜜橘种植情况及存在的主要问题，总结了国内外微灌条件下土壤水肥运移、土壤水分溶质运移、水肥一体化及运移数值模拟等研究进展。以江西省水利科学院农村水利科研示范基地（位于江西省南丰县白舍镇）的成熟蜜橘为研究对象，分别设计了滴灌、涌泉灌、微润灌及透水混凝土渗灌等 4 种高效节水灌溉技术的室内试验和大田试验的内容、监测指标和方法，完成了室内单点源、双点源滴灌交汇入渗试验，研究了多因素影响下土壤湿润锋推移、交汇过程以及不同间距、不同流量对交汇入渗湿润锋推移、含水率和硝态氮分布的影响，构建了 Hydrus - 3D 模型，对水肥运移进行三维模拟。同时在基地大田里对滴灌、涌泉灌、微润灌及透水混凝土渗灌 4 种节水灌溉技术进行了两年的对比试验，对灌水量、土壤含水率、蜜橘枝条、蜜橘果径、蜜橘产量及品质、水分利用效率等进行综合分析，试验结果表明适宜南方丘陵区蜜橘的微灌技术先后顺序为滴灌、透水混凝土渗灌、涌泉灌、微润灌。

本书是基于江西省水利厅科技项目"丘陵区域蜜橘微灌灌水技术集成研究"（项目编号：202123YBKT31）及江西省重点研发计划项目"低丘陵红壤区柑橘物联网＋透水混凝土渗灌智能化灌溉技术研究"（项目编号：20203BBFL63073）等成果提炼编写的。全书共分5章，第1章由孔琼菊、胡优、裴青宝编写，第2章由裴青宝、孔琼菊、胡优编写，第3章由裴青宝、胡优、余雷、邓升编写，第4章由裴青宝、胡优、吴子涵、孔琼菊、曹腾飞编写，第5章由胡优、裴青宝、孔琼菊、卢江海、张戴军编写。项目研究过程中，裴青宝、胡优、曹腾飞、余雷、邓升、卢江海、张戴军、吴子涵、周锦川、帅佳明、胡瑞、卢斌、胡屈宇等做了大量的试验研究工作，同时得到了江西省水利科学院领导和同事们的技术指导和支持，在此表示衷心的感谢。本书编写时参阅了大量有关微灌技术、蜜橘种植等文献资料，部分资料已在参考文献中列出，但难免有遗漏；出版过程中中国水利水电出版社的工作人员付出了辛勤的劳动，在此一并表示感谢。

由于时间仓促，加之作者水平有限，书中难免存在不当之处，恳请读者批评指正。

作者

2023 年 8 月

CONTENTS 目录

第1章

绪　　论

1.1　研究背景

　　水是事关国计民生的基础性自然资源和战略性经济资源，是生态环境的控制性要素。我国人多水少，水资源时空分布不均，人均水资源量较少，供需矛盾突出，加之受经济结构、社会发展阶段和全球气候变化影响，居民节水意识不强，南方丰水地区居民用水粗放、浪费严重，水资源利用效率与国际先进水平存在较大差距，水资源短缺已经成为生态文明建设和经济社会可持续发展的瓶颈，高效合理利用水资源已成为我国经济社会可持续发展和生态文明建设的重要内容。习近平总书记"节水优先、空间均衡、系统治理、两手发力"治水思路，把节水优先放在了第一位。农业是用水大户，因此发展节水灌溉新技术，提高农田灌溉水利用系数，是农业现代化的必然要求，也是推进乡村振兴的关键。

　　据预测，到 2050 年，世界总人口将由 70 亿人增加到 90 亿人，人类对粮食的需求将增长 70%～100%。世界淡水资源日益紧缺，而人类对粮食的需求不断上升，淡水资源已经成为农业发展和世界粮食供应的安全威胁。要破解耕地面积有限、淡水资源紧缺和世界粮食需求上涨之间的难题，发展节水灌溉成为关键。我国是农业大国，农业节水潜力巨大。《国家节水行动方案》明确要从实现中华民族永续发展和加快生态文明建设的战略高度认识节水的重要性，大力推进农业、工业、城镇等领域节水，深入推动缺水地区节水，提高水资源利用效率，形成全社会节水的良好风尚，以水资源的可持续利用支撑经济社会持续健康发展。强化科技支撑，推广先进适用节水技术与工艺，加快成果转化，推进节水技术装备产品研发及产业化，大力培育节水产业。到 2035 年，全国用水总量控制在 7000 亿 m³ 以内。因此，要大力推进节水灌溉，加快灌区续建配套和现代化改造，分区域规模化推进高效节水灌溉。结合高标准农田建设，加大田间节水设施建设力度。开展农业用水精细化管理，科学合理确定灌溉定额，推进灌溉试验及成果转化。推广喷灌、微灌、滴灌、低压管道输水灌溉、集雨补灌、水肥一体化、覆盖保墒等技术。加强农田土壤墒情监测，实现测墒灌溉。结合灌溉设施建设水肥一体化等技术，提高水肥资源利用效率。

截至 2020 年年底，我国节水灌溉面积达到 5.67 亿亩●，其中喷灌、微灌、管道输水灌溉等高效节水面积达到 3.5 亿亩。"十三五"期间，节水灌溉面积从 4.7 亿亩增长到 5.7 亿亩，农田灌溉水有效利用系数从 0.536 提高到 0.565。据统计，近 30 年来，我国农业灌溉年均用水量基本维持在约 3400 亿 m^3，占全社会用水总量的 56% 左右。在灌溉面积扩大、灌溉保证率提高、粮食总产量稳步增加的情况下，我国农业用水总量基本维持稳定，节水灌溉技术功不可没。我国灌溉科技的发展始终伴随着农业农村现代化的进程。节水灌溉可使农作物得到及时的灌溉，提高灌溉保证率，能有效促进粮食增产增收，还能实现节水、节地、节电等效益。欧美等发达国家在节水灌溉方面已经取得重大进展，节水灌溉的普及程度较高。在发达国家，喷灌技术、微灌技术、渠道防渗工程技术、管道输水灌溉技术等节水灌溉技术已经较为成熟，其中喷灌、滴灌又是较为先进的节水灌溉技术，欧美发达国家 60%～80% 的灌溉面积采用喷灌、滴灌的方式，农业灌溉率约为 70% 以上。全世界的总耕地面积仅为 15 亿 hm^2，有灌排设施的耕地面积仅占 27%，却生产出全世界 55% 的粮食，预计今后新增粮食产量中的 80%～90% 将来自有灌排设施的耕地。

农业高效节水发展至今，经过了节水灌溉技术及生产设备的引进、消化、吸收阶段和节水灌溉技术推广、创新的快速发展阶段，现已迈入规模化发展阶段。我国大力发展节水灌溉产业，并不仅仅是为了应对近年来的持续极端天气，更是从国情出发作出的精准决策。我国水资源不足、时空分布不均、利用率不高，要在有限的水资源基础上保证农业生产，就必然要以最低限度的用水量获得最大的产量或收益。我国人均水资源仅约为 $2200m^3$，提高水资源的利用效率是改善我国水资源匮乏现状的重要措施之一。因此，最大限度地提高单位灌溉水量的农作物产量和产值的灌溉措施和技术，已成为农业发展的关键因素。

从全球范围来看，低压管灌、喷灌、微灌技术和灌溉管理制度是节水灌溉产业的主要方式。早在 20 世纪 70 年代，我国节水灌溉产业就正式进入初步发展阶段。但早期受到资金和技术限制，该产业核心技术设备主要依靠海外引进，直到 20 世纪 90 年代，整个产业才进入快速发展阶段。进入 21 世纪以来，一系列利好政策与下游市场需求的释放，让节水灌溉产业进入规模化发展阶段，市场体量持续扩大。

● 1 亩 $\approx 667 m^2$。

从长远来看，农业是我国的根本，农产品的质量和安全不仅关乎国民健康，也是国家生产和发展的基石。在此背景下，节水灌溉产品的安全性、可靠性、技术先进性就显得尤为重要，节水灌溉产业的国产化进程将不断提速，更多新产品、新技术、新模式和新业态将成为研发的热点。

南方丘陵地区是我国重要的农业生产区之一，其气候温暖湿润，土地资源丰富，适宜水果种植。蜜橘是一种重要的水果，不仅具有丰富的营养价值，而且在市场上具有广泛的销售需求。当前，南方丘陵地区蜜橘的种植主要依赖于天然降水和传统灌溉方式，传统灌溉方式存在着一系列问题。首先，南方丘陵地区的气候条件较为复杂，季风气候交替，降水分布不均，季节性干旱频发，造成了灌溉水资源的不稳定性。传统的灌溉方式，如表面灌溉，很难满足不同季节和生长期蜜橘的水分需求，导致水分供应不足或浪费。其次，南方丘陵地区土壤多呈酸性，且石灰含量低，影响了蜜橘的生长发育。传统灌溉方式下，土壤酸碱度的调控难度较大，容易导致土壤酸化，影响蜜橘的养分吸收和生长状况。

为了解决这些问题，研究南方丘陵地区蜜橘微灌技术成为当务之急。微灌技术是一种通过滴灌、喷灌等方式，将水分精确、定量地输送到植物根区的灌溉方法。相比传统灌溉，微灌技术具有以下优势：①节水高效，微灌技术可以精确控制灌溉水量，避免水资源的浪费，提高水的利用效率，特别是在水资源相对短缺的地区，具有更为明显的优势；②减少土壤侵蚀，微灌技术可以减缓水流速度，降低水流对土壤的冲刷力，从而减少土壤侵蚀的风险，有助于维护土壤的健康；③防治根系病害，微灌可以直接将水分输送到植物根系，避免土壤表层的过度湿润，有助于防治根系病害，提高蜜橘的生长质量。此外，南方丘陵地区坡地较多，传统灌溉方式难以满足坡地上蜜橘的水分需求。微灌技术可以通过灵活的管道布置，适应不同坡度的地形，实现对坡地上植物的精准灌溉。

对南方丘陵地区蜜橘微灌技术进行深入研究，有望为该地区的蜜橘生产提供科学的灌溉方案，提高产量、改善品质，同时推动农业的可持续发展。因此，开展蜜橘微灌技术的研究对于解决当前农业生产面临的问题，提高农业生产效益、保障水资源可持续利用具有重要的理论和实际意义。

1.2　节水灌溉技术简介

灌溉是利用人工设施，将符合质量标准的水，输送到农田、绿地等处，补充土壤水分，以改善植物的生长发育条件。我国是世界上发展农田灌溉最早的国家之一。秦汉之前对农田灌溉称为"浸"，到汉代称"溉"或"灌"，西汉时"灌浸"和"溉灌""灌溉"并用，唐以后习惯用"灌溉"一词。

随着社会的发展和科技的进步，节水灌溉应运而生。节水灌溉是以最低限度的用水量获得最大的产量或收益，即最大限度地提高单位灌溉水量的农作物产量和产值的灌溉措施。节水灌溉是以节约农业用水为目标的高效技术措施，它是科技进步的产物，也是现代化农业的重要内涵，其核心是在有限的水资源条件下，通过采用先进的水利工程技术、适宜的农业技术和用水管理等综合技术措施，充分提高灌溉水利用率和生产效率，保障农业持续稳定发展。随着各国对农业发展的不断重视以及节水观念的不断深化，各种新型的节水灌溉技术脱颖而出。我国常用的节水灌溉技术包括渠道防渗、管道输水灌溉、喷灌、微灌（主要有滴灌、微喷灌、涌泉灌、微润灌、地下渗灌）等。

1.2.1　渠道防渗

渠道输水是我国农田灌溉的主要输水方式。传统的土渠输水渠系水利用系数一般为 0.4～0.5，差的仅有 0.3 左右，也就是说，大部分水都因渗漏和蒸发等而损失。渠道渗漏是农田灌溉用水损失的主要因素。采用渠道防渗技术后，一般可使渠系水利用系数提高到 0.6～0.85，比原来的土渠提高了 50%～70%。渠道防渗还具有输水快、有利于农业生产抢季节、节省土地等优点，是当前我国节水灌溉的主要措施之一。

根据防渗所使用的材料，渠道防渗可分为三合土护面防渗、砌石（卵石、块石、片石）防渗、混凝土防渗、塑料薄膜防渗（内衬薄膜后再用土料、混凝土或石料护面）等。

1.2.2　管道输水灌溉

管道输水是利用管道将水直接送到田间灌溉，以减少水在明渠输送过程中的渗漏和蒸发损失。发达国家的灌溉输水已大量采用管道。我国北方井灌区的管道输水推广应用较好。常用的管材有混凝土管、塑料硬（软）管及金属管等。管道输水与渠道输水相比，具有输水速度快、节水、省地、增产等优点，其效益包括：水的利用系数可提高到 0.95 左右，节电 20%～30%，省地 2%～3%，增产幅度约 10%。例如采用低压塑料管道输水，不计水源工程建设投资，每亩投资为 100～150 元。低压管道输水是将管材埋入地下，通过地下暗管低压输水。这种有压管道输水与传统明渠输水方式相比，具有减少输配水过程中的蒸发、渗漏等水量损失，输水效率至少提升 90%；同时具有可控制输水压力、调节输水流量，避免土壤冲刷和盐碱化等问题。

在有条件的地方应结合实际积极发展管道输水。但是，管道输水仅仅减少了输水过程中的水量损失，而要真正做到高效用水，还应配套喷灌、滴灌等田间节水措施。

1.2.3　喷灌

喷灌是利用管道将有压喷头分散成细小水滴，均匀地喷洒到田间，对作物进行灌溉。它作为一种先进的机械化、半机械化灌水方式，在很多发达国家已广泛采用。喷灌的主要优点有：①节水效果显著，水的利用率可达 80%，一般情况下，喷灌与地面灌溉相比，$1m^3$ 水可以当 $2m^3$ 水用；②作物增产幅度大，一般可增产 20%～40%，其原因是取消了农渠、毛渠、田间灌水沟及畦埂，增加了 15%～20% 的播种面积；灌水均匀，土壤不板结，有利于抢季节、保全苗；改善了田间小气候和农业生态环境；③大大减少了田间渠系建设、管理维护和平整土地等的工作量；④减少了农民用于灌水的费用和劳力，增加了农民收入；⑤有利于加快实现农业机械化、产业化、现代化；⑥避免过量灌溉造成的土壤次生盐碱化。

喷灌相对于传统的人工提水灌溉模式，具有省力节时、缓解干旱、提高水资源利用率和作物产量的优点。最显著的是，喷灌有效地扩大了作物种植面积，同时不会对土壤表面和内部颗粒进行破坏。但是，喷灌技术也有其明显的弊端，例如，投入的人力财力量大、容易造成材料的消耗、工程造价高、初期操作困难等。

常用的喷灌型式有固定管道式、平移式、中心支轴式、卷盘式和轻小型机组式。移动管道式喷灌通常将输水主干管固定埋设在地下，田间支管和喷头可拆装搬移、周转使用，因而降低了投资。移动式管道喷灌除了具有一般喷灌的省水、增产、省工、减轻农民负担和有利于农业机械化、产业化、现代化等优点以外，还具有设备简单、操作简便、投资低、对田块大小和形状适应性强、一户或联户均可使用等优点，是较适合我国国情、可以大力推广的一种微型喷灌形式，可适用于大田作物、蔬菜等，亩投资为 200～250 元。

固定管道式喷灌是将管道、喷头安装在田间固定不动，其灌溉效率高，管理简便，适用于蔬菜、果树等经济作物灌溉，但是投资较高（每亩投资在 1000 元左右），不利于机械化耕作。

中心支轴式与平移式大型喷灌机只能在预定范围内行走，行走区域内不能有高大障碍物，土地要求较平整。其机械化和自动化程度高，适用于大型农场或规模经营程度较高的农田。使用国产设备，每亩投资为 300～400 元。

卷盘式喷灌机是靠管内动水压力驱动行走作业，与中心支轴式及平移式的大型喷灌机相比，具有机动灵活、适应大小田块、亩设备投资低等优点。进口设备每亩投资为 50 元左右，设备国产化后可进一步降低投资，这是一种适合我国国情、有发展前景的喷灌方式，可适用于大田作物、蔬菜等。卷盘式喷灌机有喷枪式和桁架式两种，后者具有雾化好、耗能低的优点。

轻小型机组式喷灌，可以手抬或装在手推车或拖拉机上，具有机动灵活、适应性强、价格较低等优点，通常用于较小地块的抗旱喷灌。每亩投资为100～200元。其优点是对地形适应性强，可以设置在地面灌溉方法难以实现的复杂地形。

1.2.4　微灌

微灌是按照作物需求，通过管道系统与安装在末级管道上的灌水器，将水和作物生长所需的养分以较小的流量，均匀、准确地直接输送到作物根部附近土壤的一种灌水方法。与传统的全面积湿润的地面灌和喷灌相比，微灌只以较小的流量湿润作物根区附近的部分土壤，因此，又称为局部灌溉技术。

（1）典型的微灌系统通常由水源、首部枢纽、输配水管网和灌水器四部分组成。

1）水源：江河、渠道、湖泊、水库、井、泉等均可作为微灌水源，但其水质需符合微灌要求。

2）首部枢纽：包括水泵、动力机、肥料和化学药品注入设备、过滤设备、控制器、控制阀、进排气阀、压力流量量测仪表等。

3）输配水管网：输配水管网的作用是将首部枢纽处理过的水按照要求输送分配到每个灌水单元和灌水器，输配水管网包括干管、支管和毛管三级管道。毛管是微灌系统的最末一级管道，其上安装或连接灌水器。

4）灌水器：灌水器是直接喷水的设备，其作用是消减压力，将水流变为水滴或细流或喷洒状施入土壤。

（2）微灌可以非常方便地将水灌溉到每一株植物附近的土壤，经常维持较低的水压力满足作物生长要求。微灌具有如下优点：

1）省水：微灌按作物需水要求适时适量地灌水，仅湿润根区附近的土壤，因而显著减少了灌溉水损失。

2）省工：微灌是管网供水，操作方便，劳动效率高，而且便于自动控制，因而可明显节省劳力；同时微灌是局部灌溉，大部分地表保持干燥，减少了杂草的生长，也就减少了用于除草的劳力和除草剂费用；肥料和药剂可通过微灌系统与灌溉水一起直接施到根系附近的土壤中，无须人工作业。

3）节能：微灌灌水器的工作压力一般为50～150kPa，比喷灌低得多，又因微灌比喷灌省水，对提水灌溉来说意味着减少了能耗。

4）灌水均匀：微灌系统能够做到有效地控制每个灌水器的出水流量，因而灌水均匀度高，一般可达85%以上。

5）增产：微灌能适时适量地向作物根区供水供肥，为作物根系活动层土壤创造良好的水、热、气、养分环境，因而可实现高产稳产，提高产品质量。

6）对土壤和地形的适应性强：微灌采用压力管道将水输送到每棵作物的根部附近，可在任何复杂的地形条件下有效工作。

（3）微灌的缺点包括微灌系统投资一般要远高于地面灌溉；灌水器出口很小，易被水中的矿物质或有机物质堵塞，如果使用维护不当，会使整个系统无法正常工作，甚至报废。

各种微灌技术措施的共同特点是用塑料（或金属）低压管道，把流量很小的灌溉水送到作物附近，再通过体积很小的塑料（或金属）滴头或微喷头，把水滴在或喷洒在作物根区，或在作物顶部形成雨雾，也有通过较细的塑料管把水直接注入根部附近土壤。这类灌水方法与地面灌溉和喷灌比较，灌水的流量小，持续时间长，间隔时间短，土壤湿度变幅小。根据许多国家试验结果，微灌比喷灌可节水 30％左右，比地面灌可节水 75％左右。微灌采用的工作压力一般为 50～150kPa，能量消耗较小。由于微灌可以使作物根区土壤始终处于有利于作物生长的水分状况，一般均可取得明显的增产效果。微灌还可以使土壤经常保持较高的含水量，能用地面灌溉和喷灌不能使用的溶解性固体总量（TDS）较高的水进行灌溉。微灌除具有补充土壤水分作用外，还有提高空气湿度、降温、防霜冻等调节小气候的作用。

1.2.4.1　滴灌

滴灌是一种节水灌溉方法，即利用有恒定压力的水以管网和出口管（滴灌带）或水滴的形式缓慢均匀地过滤到植物根部附近的土壤中，是一种对作物根部进行局部灌溉的方式。它是干旱缺水地区最有效的一种节水灌溉方式，其水的利用率可达 95％。滴灌较喷灌具有更好的节水增产效果，同时可以结合施肥，提高肥效 1 倍以上。

按管道的固定程度，滴灌可分固定式、半固定式和移动式 3 种类型：①固定式滴灌，其各级管道和滴头的位置在灌溉季节是固定的。其优点是操作简便、省工、省时，灌水效果好。②半固定式滴灌，其干、支管固定，毛管由人工移动。③移动式滴灌，其干、支、毛管均由人工移动，设备简单，较半固定式滴灌节省投资，但用工较多。此外，有一种滴灌是通过雨水集流或引用其他地表径流到水窖（或其他微型蓄水工程）内，或利用储水罐蓄水作为小型移动水源，再配上滴灌以解决干旱缺水地区的农田灌溉问题，称为储水滴灌。它具有结构简单、造价低、家家户户都能采用的特点，应在干旱和缺水山区大力推广。

滴灌又可分为地表滴灌和地下滴灌：①地表滴灌是通过末级管道（称为毛管）上的灌水器，即滴头，将压力水以间断或连续的水流形式灌到作物根区附近土壤表面的灌水形式；②地下滴灌是将水直接输送地表下的作物根区，其流量与地表滴灌相接近，可有效减少地表蒸发，是最为节水的一种灌水形式。它是把滴灌管埋入地下作物根系活动层内，灌溉水通过微孔渗入土壤供作物吸收，具有蒸发损失少、省水、省电、省肥、省工和增产效益显著等优点，果树、棉花、粮食作物等均可采用，在干旱缺水的地方也可用于大田作物灌溉。其缺点是当管道间距较大时灌水不够均匀，在土壤渗透性很大或地面坡度较陡的地方不宜使用，滴头易结垢和堵塞，因此应对水源进行严格的过滤处理。每亩投资为 400～1000 元，国产设备已能满足要求，有条件的地区应积极发展滴灌。其效益为：节水 50%～60%，省电 40%～50%，增产30%左右。

国内外众多学者的研究表明，滴灌技术具有其他灌溉技术无法可比拟的优点，它直接将水分作用于作物根系，且将化肥、养料与水分均匀、平稳地通过管网出口迁移至根区，既节省了水资源，又阻止了化肥的流失致使环境污染，且较大程度地提升了作物产量。其次，滴灌不大面积的直接作用于土壤，因此抑制了杂草的生长，同时阻止了土壤的板结，使土壤处于疏松状态，有利于作物根茎部的有氧呼吸和对养料的充分吸收。滴灌管道设施构建简单，便于维修和管理。如今，大部分农田和灌溉区域都采用双孔滴灌带。双孔滴灌带的特点是每隔一段距离，在管网上就会出现一对出水口。这样设计不仅仅提高了管网的抗堵塞性能，同时也加强了滴灌出流的稳定性。

1.2.4.2　微喷灌

微喷灌是利用直接安装在毛管上或与毛管连接的灌水器，即微喷头，将压力水以喷洒状的形式喷洒在作物根区附近的土壤表面的一种灌水形式，简称微喷。微喷灌除灌溉外还具有提高空气湿度，调节田间小气候的作用。但在某些情况下，例如，草坪微喷灌，属于全面积灌溉，严格地讲，它不完全属于局部灌溉的范畴，而是一种小流量灌溉技术。它比一般喷灌更省水，可增产 30%以上，能改善田间小气候，可结合施用化肥，提高肥效。国产设备亩投资一般在 500～800 元。主要应用于果树、经济作物、花卉、草坪、温室大棚等灌溉。

1.2.4.3　地下渗灌

地下渗灌是继喷灌、微喷灌、滴灌之后的又一新型灌溉技术。渗灌是通过将渗水管道埋藏在一定深度地下，灌溉水从土壤里灌水的一种方法，是一种新型农业智能灌溉技术（方芳，2020；秦昌旭，2021）。众多学者研究表明，渗灌不仅仅提高了土地资源的利用率，同时也可以适应作物不同时期的不同需水量以及不同作物需水量的不同，促进了水资源的合理利用，提高了水资源利用效率。地下渗灌按灌水器材料可分为陶罐渗灌和透水混凝土渗灌等。

陶罐渗灌是一种让水分通过罐壁微孔，经土壤的毛细管作用，缓慢、均匀地释放到植物根系附近。实现对植物根部灌溉的节水灌水方式。这种灌溉方式被广泛应用于一些干旱地区或水资源有限的地方。陶罐渗灌的优点有：①水分利用效率高。由于水分是从陶罐中缓慢释放的，可以减少水分的蒸发和流失，提高水分的利用效率。②简单而经济。制作陶罐相对简单，成本较低，适用于一些资源有限的农业生产环境。③均匀灌溉。陶罐渗灌能够实现均匀的水分释放，有助于避免土壤过湿或过干的问题，提高植物生长的稳定性。陶罐渗灌缺点有：①灌溉范围受限。陶罐渗灌适用于小范围的灌溉，对于大面积的农田来说，需要使用大量的陶罐，增加了管理和维护的难度。②不易控制灌溉量。由于陶罐的渗漏速度难以精确控制，有时很难满足不同植物生长阶段的水分需求。③易受外部环境影响。气候条件的变化使罐体易老化损坏等因素可能影响陶罐的渗漏性能和使用寿命，需要定期检查和维护。

透水混凝土渗灌是 21 世纪最新的灌溉方式之一，渗灌水分以及降雨通过透水混凝土缝隙作用于作物根部，防止水分的渗漏损失和大量蒸发，在提高水分利用效率的同时，也实现了产量和质量的成倍提高。由于透水混凝土渗灌是近几年新研发出的灌溉技术，目前学者对其研究不多，灌水器的技术参数还未完全确定，且因透水混凝土的制备过程消耗大量的材料，可能无法达到经济效益和生态效益的预期目标。对比陶罐渗灌，透水混凝土渗灌可以很好地解决灌水器易损坏、制作复杂、透水性差的问题，因此可以大力推进渗灌节水灌溉的发展。

1.2.4.4　涌泉灌

涌泉灌又称波涌灌，是采用加流量控制器的细管作为灌水器与毛管相连接，并且可以与田间渗水沟辅助，以细流或射流局部湿润作物根区附近土壤，进行灌溉的一种灌溉方法（赵新宇等，2021）。与地面灌溉相比，涌泉灌技术节水 70% 以上，灌溉均匀度可达 90% 左右。与其他适合果园灌溉的微灌技术相比，它具有抗堵塞能力强、灌溉均匀度高、系统运行可靠、易于管理和保护、每亩成本低等突出优势（黄新生等，2009）。柑橘是南方丘陵地区的重要经济作物，灌溉一般采用穴灌，按棵配水，且果树多分布于山丘坡地，因此采用局部灌溉更为经济。涌泉灌作为一种局部灌溉新的微灌技术，具有其他微灌技术无法可比拟的优点，更适于灌溉果树（邹小阳等，2017）。目前，涌泉灌已在新疆、山东及山西等省（自治区）的果园中进行了示范推广，且普遍反映效果良好。国外的一些国家也开始试用，据文献报道，涌泉灌不但具有灌溉均匀度高的特点，而且在缺水灌溉的情况下，涌泉灌较喷灌或者微喷技术产量有明显提高。因而涌泉灌将是果园灌溉的一个发展方向。

涌泉灌是针对滴灌技术中存在的易堵塞问题提出的一种微灌技术，是将微灌系统上的微喷头或滴头去掉，灌溉水流入灌水器中，然后水从灌水器中渗出对果树等进行局部灌溉，虽流量比滴灌要大，但能有效地防止堵塞问题，能够适用于多种土壤和地形，对农作物的适用性也相对广泛。涌泉根灌是一种可以直接将水输送到作物根区进行局部灌溉的地下微灌技术，即将管口伸进定制的灌水器——涌水器（已提前埋入作物根部）中，直接将水灌至作物根部，在很大程度上降低了地表灌溉产生的土壤水分蒸发损失，克服了地上微灌和地下渗灌的缺点，实现了由灌溉土壤到灌溉作物的根本转变。因果树根系分布深度较大，利用涌泉根灌技术可使灌水直接进入土壤深处，并能直接作用于果树根系，由于从地下开始进行水分入渗，较原有滴灌方式在很大程度上降低了灌溉过程中的水分消耗和地面蒸发损失。涌泉根灌灌水器的制作方法简便，造价不高，有效降低了投入成本；灌水器内部设置了不同形式的过水流道，提高了流量控制精度。此外，由于灌水器外部设置了保护套管，避免了滴头出现堵塞问题，不仅制作材料和方法较为简单，使用寿命也获得较大提升，较滴灌具有更显著的优势。另外，可根据果树不同的种植密度和不同类别果树根系分布情况，通过调整灌水器埋设间距和埋设深度以提高其使用效率，具有很强的操作灵活性。

1.2.4.5　微润灌

微润灌是一种利用半透膜的连续灌水技术，它采用半透膜材料制成灌溉装置，由膜内外水势梯度驱动，根据作物对水分的需求，以慢速流出的方式持续不断地自动、实时、适时、适量地向作物根部区域注水（邹小阳等，2017）。微润灌的一个重要技术特点是很容易使土壤水分处于最佳状态并且可以使这一状态长时间稳定的保持下去，使作物在全生命期内处于最佳灌溉条件下生长。采用微润灌溉有利于土壤有效养分的分解，改善作物的营养状况，既不会造成水土流失、肥料流失，也不会破坏土壤团聚体结构，同时还能使土壤通气性良好、氧气充足，作物根系发达、枝干健壮。

1.3　国内外微灌技术研究

近年来，随着工业的发展以及人口的爆炸式增长，水资源缺乏的现象日益显著。同时，工业废水的不达标排放以及农药、化肥等污染水资源，导致可利用水资源进一步短缺。在工业化和现代化的不断推进，农业水资源利用量日趋减少的大环境下，寻找几种高效的灌溉模式至关重要。近几年来，我国虽然在滴灌模式的改良上具有长足的发展，但和国外一些发达国家相比，仍有较大差距。随着水资源的不断萎缩，发展和推广高标准、高效率、科学的灌溉模式已刻不容缓，目的是为了提高农田水灌溉利用效率，减少水资源浪费，实现"水肥一体化"，从而平衡工业用水和农业用水，达到可持续发展的最终目标。近年来，随着各国对农业发展的不断重视以及节水观念的不断深化，各种新型科学灌溉模式渐渐脱颖而出。喷灌、涌泉灌、滴灌、透水混凝土渗灌等都能够完成高效灌溉的任务，不仅节水环保，同时也促进了作物有机物的积累和生长，也为作物的生育期提供了良好的生存环境。既体现了不可替代的环境价值，也有良好的经济效益。

喷灌技术是农业节水灌溉的一种技术措施，它兴起于 19 世纪 50—60 年代的西欧国家。晁念文（2021）指出，近几年来，大多数国家如英国、瑞典、法国等都已采用喷灌技术来进行农田的全面灌溉，且喷灌面积已经超过了农田面积的 80%。而美国的 Reinke、Valmont 等公司已经研制出较为成熟的喷灌 GPS 导航系统，可通过驱动、调节电机，实现喷灌技术的导航化（孟令刚等，2021）。邢汕（2022）指出，我国近些年的喷灌技术得到明显发展，不仅广泛应用于当地的园艺及绿化工作中，也能够有效地应用在农田以及大叶农作物的灌溉。

滴灌是一种比较先进的灌溉技术。刘燕芳（2018）注重对滴灌灌水器的研究，通过对水源水质、管道运行时间、工作压力等因素的考虑，探索并确定出最适用于农田水利灌溉的双孔抗堵塞的滴灌带；此类滴灌带较传统滴灌灌水器相比，克服了流量小且流速缓慢、管道出孔易发生堵塞现象导致灌溉速率下降等不足之处。裴青宝等（2020）在红壤条件下，以双点源滴头间距为自变量，探究对滴灌效果的影响情况，并得出"滴头间距越大，横向及径向扩散距离越大"的基本结论。Santosh et al.（2022）通过对覆膜滴灌下生姜进行不同灌水处理的对比分析得出了提高生姜产量的最佳灌水量。Mahmoud et al.（2022）在滴灌条件下，通过设置不同灌水量研究对番茄果实质量的相应情况发现，适当的灌溉亏缺有利于作物品质提升。赵蕾等（2023）对抗旱性水稻生育期内覆膜滴灌设置了 3 个不同灌水量的处理，并测定了抽穗期和抽穗后 20d 水稻叶片生长、光合荧光特性、根系内源激素、水分利用效率（WUEy）及籽粒产量等指标，得出在覆膜条件下，$10200m^3/hm^2$ 的灌水量能提高抗旱性水稻根系中 ABA 的含量，抑制气孔张开、减少地上部蒸腾耗水，缓解叶片中叶绿素降解速率，并维持较高的有效叶面积、保持较强的光合活性的结论。马新超等（2022）采用二次饱和 D-最优设计进行了沙培黄瓜膜下滴灌水氮耦合田间试验，测定各处理 4 个基质层的含水率、EC 值、硝态氮量、铵态氮量，并统计了黄瓜产量，得出膜下滴灌水氮耦合灌水上下限设置为 80.20%～89.40%、60%，施氮量控制在 623～917kg/hm²，能够避免次生盐渍化危害，提高水肥利用效率和沙培黄瓜产量的结论。王培华等

（2022）通过设置不同灌水量、不同施纯氮量、不同土壤盐分的膜下滴灌棉花盆栽试验，得出了分别适宜盐渍化较低和盐渍化较高土壤棉花生长的灌水量和施纯氮量。

Al-Kayssi et al.（2016）、李久生（2005）、苏德荣等（2000）等国内外学者对滴灌技术参数、水肥运移以及数值模拟等方面做了大量的研究。以色列发明了滴灌并进行推广，以色列全国形成统一的压力管网，充分发挥滴灌对地形适应性强的特点，通过滴灌灌溉种植在丘陵地区的花卉、水果等经济作物。而地中海地区国家如西班牙、意大利等国在 20 世纪 70 年代将滴灌技术应用到葡萄、柑橘、油橄榄等经济作物的灌溉中，以解决水资源短缺问题，在长期的滴灌灌溉中不仅节约水资源量，且可提高作物产量和品质。美国加州滴灌应用的范围最大，通过滴灌进行除草、施药、精准施肥等工作。滴灌在我国前期主要应用在苹果、梨、葡萄、柑橘等果树灌溉中，后期慢慢发展到蔬菜花卉等设施农业中，并在节水、抑制病虫害、水肥一体化、减轻土壤退化，减少田间管理方面取得了进展。

Jani et al.（2021）指出，渗灌相较于毛管灌溉、架空灌溉等模式，在改变作物化学性质和提高水分利用系数均有更好的效果。廖振棋等（2022）以灌水器埋深和灌水量为自变量，红壤的入渗特性为应变量，研究灌水效果与灌水器埋深和灌水量之间的关系；结果显示，湿润锋最大运移距离随着灌水量的增大而增大，随着埋深的增大而减小，且灌水量的影响程度大于灌水器埋深。贾帅等（2022）在干旱地区马铃薯田间试验设置了 3 个地下渗灌埋深（5cm、10cm、15cm）、3 种灌水量（1050m^3/hm^2、1500m^3/hm^2、1950m^3/hm^2）和 3 种施氮肥量（120kg/hm^2、180kg/hm^2、240kg/hm^2）的三因素三水平正交试验，得出在宁夏干旱地区，选择地下渗灌埋深为 15cm、灌溉定额为 1950m^3/hm^2、施氮量为 120kg/hm^3 组合，有助于提高马铃薯产量和水氮利用效率，可实现马铃薯高效生产的结论。然而，由于我国西北内陆存在着广泛的干旱区域，且国内机械农业现代化发展还未明显成熟，将渗灌技术推广至西北地区需要消耗大量的人力、材料成本。

陶罐渗灌是一种让水分通过罐壁微孔，然后渐渐渗入水中的节水灌溉方式。以陶罐为灌水器的渗灌方式在国内外已有研究。李晓宏（2003）探究了陶罐渗灌在旱地对瓜菜生理生长的影响，试验结果证明该技术不会产生地表径流和深层渗漏，可以化解土壤板结的问题，干旱时灌水器可以为作物根系土壤供水，而且作物所需养分可充分溶入水中，通过灌水器为作物同时输送养分水分，实现水肥一体化，该方法再加以地膜覆盖还能有效减少地表蒸发。陶罐渗灌的效益远高于种植地膜灌溉，成本大幅度低于滴灌。Ansari et al.（2015）对比分析滴灌和陶罐渗灌对不同作物生理生长的影响，也认为陶罐渗灌比滴灌更适合作物生长，而且节水效果更好。Pachpute（2010）研究认为采用陶罐渗灌模式可以使作物的产量有明显的增加，并且能够有效地提高了水分利用效率。付金焕等（2018）对不同溶质通过透水混凝土灌水器进行研究，探索出提高灌水器抗堵塞性能的最佳模式。加装透水混凝土灌水器的渗灌方式可以有效解决蓄水坑灌坑壁易生杂草，易受侵蚀的问题。

涌泉灌是近年来发展起来的一种新灌溉技术。胡羊羊（2020）研究涌泉灌不同的灌水量和灌水时间，探索湿润锋运移情况和湿润体的变化情况，结果表明，随着灌水量的不断增加，径向的湿润锋运移距离不断增大，纵向的湿润锋运移距离逐渐变小，但灌水时间的长短对湿润锋运移距离的变化影响不大；同时，灌水量主要对湿润体的面积有一定影响，并不会改变"1/4 球体"的湿润体形状。赵新宇等（2021）指出，涌泉根灌是在涌泉灌基础上发展的更加新型的节水灌溉模式，涌泉根灌在扩大湿润锋运移距离的效果好于涌泉灌；同时，涌泉根灌使土壤水分更容易达到作物根系，提高了水分利用效率。涌泉根灌技术可以在不同的土壤深度下直接对作物根部进行水肥灌溉，从而在一定程度上减少了地面的无效蒸发，提高了农业灌水的利用率，特别适合于根系分布比较深的果树灌水。此外，可根据作物根系的差异，对不同的灌溉系统进行合理的调整，从而提高灌溉效果。近几年来，国内外有关学者对涌泉根灌的入渗特征进行了大量的研究，费良军等（2015）通过试验，建立了不同浓度肥液下的涌泉根灌土壤入渗率与湿润锋运移关系的实验模式；何振嘉等（2022）通过设置 3 个不同灌水器间距水平的涌泉根灌双点源交汇入渗试验，建立了涌泉根灌交汇入渗累积入渗量、湿润锋运移距离随时间和灌水器间距变化的数学模型及土壤含水率、土壤 NH_4^+—N 及硝态氮含量与灌水器距离之间的关系模型。另外，也有学者提出，在高灌水量条件下，可以使高含水率的土壤湿润区面积增大，这对涌泉灌的影响很大，但会降低湿润体的水分均匀度；随着灌溉水量的增加，湿润锋的迁移速度也相应地增加，并与之成正比（张俊等，2012）。根据国内学者的研究，发现在大流量条件下，土壤中的水分含量越大，在高水分地区的水分含量越高，湿润体积越大；而当土壤容量较大时，结果正好相反。由此得出一个重要的结论：涌泉灌溉技术更适用于土壤初始含水率高、土壤容重较低的地区，增加灌溉流量可以有效地改善土壤的灌溉效果。

微润灌是一种局部灌溉，其运行的驱动力是水势能和土壤势能，不需要动力设备，运行成本低（李春龙，2016）。何玉琴等（2012）对微润灌溉玉米生长和产量的研究发现，微润灌溉有利于玉米籽粒发育，使籽粒饱满，百粒质量增加。张明智等（2017）等对微润管的布置方式进行研究，发现夏玉米的生长随着微润管布置密集程度增加，其株高、茎粗、玉米质量等均有所增加。

于秀琴等（2013）对温室黄瓜生长和产量的研究发现，微润灌溉能够促进黄瓜株高和茎粗的生长，并使其增产 4.4％。董瑾（2013）通过比较微润灌溉和滴灌对草莓生长的影响，发现微润灌溉处理的草莓维生素 C 含量、叶片总含水量、平均生长速率、根长及根系数量与其他灌溉方式相比均较高。田德龙等（2016）等对盐渍化灌区向日葵生长的研究发现，微润管埋深 20cm 时向日葵的生长最好，且该项技术能提高向日葵产量和水分利用效率。薛万来等（2013）通过对比微润灌溉和滴灌条件下温室番茄的生长，发现微润灌溉条件下的番茄株高、茎粗及产量均较滴灌处高。深圳市微润灌溉技术有限公司以脐橙为对象，进行微润灌水肥一体化试验研究发现，树冠直径、新稍长、脐橙果径和单果均较降雨灌溉增大（韩庆忠等，2013）。

1.4　微灌条件下水肥运移研究进展

微灌作为新型节水灌溉技术的代表，不仅节水环保，同时也促进了土壤有机物的积累，为作物的生育期提供了良好的生存环境，既产生了良好的经济效益，也体现了不可替代的环境价值。微灌技术的应用，提高了灌溉水有效利用系数，减少了水资源浪费，较好地实现了"水肥一体化"，平衡了工业用水和农业用水，达到可持续发展的最终目标。

1.4.1　土壤水肥运移研究

Kandelous et al.（2010）利用 Hydrus－2D 模型数值模拟地下滴灌系统在田间和试验室条件下的水分运移分布，目的是评价 Hydrus－2D 模型模拟黏土壤土中水分运移的准确性，预测土壤含水量的空间分布，以及确定不同排放条件下埋藏点源的润湿区向上、向下和水平方向的维数。Hydrus 能够同时评估灌溉期间和灌溉之后的土壤湿润模式尺寸、土壤含水量和基质电位分布，这为滴灌系统的设计、监测和管理提供了一个很好的工具。Che et al.（2022）采用 Hydrus－2D 模型模拟了土壤盐分淋失和氮素流失，并利用土壤盐分和氮的淋失平衡指数（Leaching Balance Index，LBI）进行评估，得出增加灌溉施肥的次数可以降低 LBI 的结论。在巴西东南部，地下滴灌越来越多地用于甘蔗生产，以节约用水这一现状，地下滴灌系统的正确设计是提供地下水和溶质动态信息的基础，从而节约用水。Provenzano（2007）利用 Hydrus－2D 模拟甘蔗种植区不同影响条件下地下滴灌热带土壤中水分和钾的移动，并通过统计参数比较模拟数据和观测数据，Hydrus－2D 模型具有较好的模拟土壤含水量的能力，能较好地预测土壤含水率，很好地理解和准确确定土壤剖面中的钾浓度分布云图。Jia et al.（2023）利用 Hydrus－2D 模型模拟了农田中膜下滴灌、浅埋滴灌和喷灌 3 种灌溉技术下的水盐运移及动态变化并得出"在浅埋滴灌和膜下滴灌条件下，土壤中水和盐的分布和变化相似"的结论。Mehdipanah et al. （2022）建立了 Hydrus-2D 模型，计算分别含有粗砂、中砂和细砂的分层土壤的传输距离为 20cm、50cm 和 80cm 时的污染物转移速率及扩散系数值，模拟结果与其他研究结果一致，表明该模型在模拟和移动多孔介质中污染物方面具有较高的准确性。Arbat et al. （2008）利用传感器测量土壤含水量和土壤水势，采用反标定技术对土壤的水力条件进行调整，模型参数校核后，使用 Hydrus 模型用于预测苹果园中微喷头灌溉时传感器位于同一位置的基质势，观测和模拟的土壤水势之间存在一致性，证明该模型实用性，并且可以提供建议性理论参考。Conceição et al. （2021）通过对 Hydrus-2D 模型进行模拟，估算出土壤中硝酸盐和钾的浓度，为香蕉作物周期中这些养分的分布及其在土壤溶液中的振荡提供了可接受的特征，证明了两种方法的令人满意的性能和可行性。Wang et al. （2023）利用 Hydrus-2D 建立了宽垄沟灌溉条件下冬小麦土壤水氮运移的数值模型并预测了不同灌溉水和氮处理的土壤水和氮的行为，并计算得出土壤含水量、硝态氮和铵态氮在水平和垂直方向上的测定值和预测值的确定系数均大于 0.68，平均绝对误差小于 0.06，均方根误差小于 0.1，从而确定使用宽垄和沟灌氮运移数值模型的可行性。

1.4.2 土壤水分溶质运移模型

随着农业灌溉水肥一体化的发展以及人民对水污染、土壤污染等问题的关注度提高，灌溉后土壤水分溶质迁移研究成为一个热点问题。国内外学者就土壤溶质迁移规律开展了多方面的研究，并建立了数学模型（田坤，2010；王全九，2005）。土壤水分运移数值模拟的方法主要包括有限单元法和有限差分法（雷志栋等，1988；邵明安等，2006），通过大量溶质运移方面的研究形成了水动力弥散这个溶质运移的基本理论；而水动力弥散是由于土壤孔隙中水的微观流速的变化引起。Amer et al. （1955）早在 20 世纪 50 年代就采用动力学模型模拟土壤中磷元素的迁移过程，通过树脂从溶液中定量吸附少量磷得到溶质迁移曲线。Bruce et al. （1975）构建了流域内不同降水事件中径流水的速率和数量，以及沉积物和农药运输的速率和数量的数学模型。Barrow（1979）在改进的 CREAMS 模型基础上，采用幂函数为框架对模型进行了修正。王娇等（2022）对不同边界层解（多项式解、指数解、复合解、对数解和微小通量解）在预测土壤溶质浓度分布和估算溶质迁移参数方面的精度中进行了对比研究，归纳了边界层解的适用范围和选取方法。

王超（2002）通过研究非饱和土壤水分溶质运移规律，分析了水动力函数模型参数的最优估算方法，运用 Gauss - Newton 最小化计算的 Levenberg - Marquardt 修正法来实现反求模型的迭代问题，并就参数确定与预测数量对参数预测效果的影响进行了分析讨论。陆乐等（2008）将蒙特卡罗（Monte Carlo）法应用到两种具有不同渗透系数的多尺度非均质含水层溶质运移模拟中，分别对两种多孔介质在产生不同渗透系数场后，对其水分溶质运移进行了数值模拟。胡文同等（2021）利用 Hydrus - 2D 模拟不同犁底层容重对微咸水膜下滴灌土壤水盐运移分布的影响，结果表明灌水结束时，犁底层容重越大，耕作层土壤水溶解性固体总量（TDS）均值越大，而底土层则越低；灌后重分布 48h，犁底层容重越大，耕作层和犁底层土壤相对饱和度越大（$p<0.05$）；各层位土壤水溶解性固体总量（TDS）变异系数较灌水结束时均降低，但犁底层容重越大，降低幅度越小。王伟等（2009）利用 Hydrus - 2D 建立了田间咸水灌溉水盐运移数学模型，并进行了求解。田坤等（2011）设计了控制排水、土壤水分饱和以及土壤渗透稳定等 3 种下垫面状态下，研究不同降雨强度时土壤溶质迁移到地表径流中的规律；研究结果表明雨强、总径流量等因素均能加快土壤溶质迁移过程。张嘉等（2011）结合地下水溶质迁移模拟软件 MT3DMS 的基本原理，对比了不同解法对所获得的地下水纵向弥散度模拟结果的影响，并分析了模型网格划分与污染物浓度变化对模拟结果的影响。

1.4.3 水肥一体化研究

Nakayama et al.（2012）研究了滴灌灌溉后湿润体形状和大小及湿润体内水分分布状态对作物根系吸水的影响。Lugana et al.（2001）通过点源滴灌研究了土壤性质和土壤剖面水分的渗入，流出方式的对湿润体分布型式的影响。Levin et al.（1979）对滴灌入渗后湿润体的形状和水分分布的室内外试验结果进行了数值模拟；结果表明模拟值和实测值具有很好的一致性。Thabet et al.（2008）研究了突尼斯南部干旱地区滴灌条件下砂壤土的湿润体形式及水分分布状况。岳海英（2010）通过对杨凌娄土进行不同滴头流量对土壤湿润体影响的试验；结果表明在滴头流量为 1.2~3.6L/h 时湿润体体积与滴头流量变化很大，土壤平均含水率逐渐增加。姚春生等（2022）对微喷水肥一体化条件下 2 个不同品种的冬小麦做了不同氮肥基追比的试验，得出能够显著提高冬小麦籽粒产量和品质的最佳施氮量及氮肥基追比例。曹和平等（2022）在桶栽方式种植玉米试验中设置 4 个施肥水平，并根据不同施氮量对土壤水氮盐分布规律、玉米生长指标和耗水特性的影响得出了该地区盐渍化土壤下玉米较适宜的施氮量。尔晨等（2022）通过以灌水量为主区的设置 3 个灌水量处理和 3 个纯氮投入量的裂区试验设计，评估灌溉和施氮策略对水氮运移、籽棉产量、水氮生产效率的影响，并确定了灌溉量及水氮耦合效应是影响籽棉产量及灌溉水生产力的影响因素，其中灌溉量是主效应。汪志荣等（2000）通过不同质地土壤点源入渗试验，得出在不同流量下，积水入渗边界和非充分供水入渗边界与滴头流量、入渗时间、含水率分布等因素之间的关系，表明在该试验条件下最适宜的湿润比应小于 1.0。汪顺生等（2022）在田间试验基础上利用 Hydrus-1D 模型模拟下不同水肥处理下畦灌麦田根区土壤水氮运移特性，结果表明硝态氮不仅受施氮量的影响显著，受水分控制下限的影响同样显著，且 Hydrus-1D 模型可以较好地模拟不同水氮处理下土壤中水氮分布情况。

朱德兰等（2000）通过两种不同土壤的滴灌试验，根据不同流量下湿润锋的扩散范围来提出土壤水分水平和垂直扩散的数学模型。张振华等（2002）研究了黏壤土室内滴灌试验条件下不同影响因素湿润体的变化规律，并进行了室内多点源交汇条件下的交汇湿润体变化研究，结果表明，容重和含水率对湿润体形状和大小有显著影响，交汇入渗过程中交界面处的入渗快于其他位置，且随着入渗时间的延长湿润体的形状逐渐由椭球体向平行方向发展。李晓斌等（2008）研究了 3 种不同质地土壤滴灌点源入渗水分运动分布规律，结果表明湿润锋的水平、垂直推移过程与滴灌时间存在幂函数关系，并具有较高的相关性；而土壤含水率与湿润锋运移之间存在线性函数关系。马新超等（2022）通过设置 3 种土壤质、4 种施肥时序、地室内土槽滴灌施肥试验，并分析土壤湿润锋的运移以及水分、硝态氮在土体内的分布特征，结果表明对于砂土、壤土和黏土，分别采用 3/8W-1/2N-1/8W、1/4W-1/2N-1/4W 和 1/2N-1/2W 的施肥时序，有利于降低氮肥淋失的风险，提高氮肥利用效率。王成志等（2006）通过室内试验研究了层施保水剂对滴灌交汇入渗后湿润体的影响，滴灌入渗中施加了保水剂区域土壤的含水率增加的较快，表明保水剂有助于增加作物根系附近土壤的水分含量。李明思等（2006）进行了重壤土、中壤土、砂壤土等 3 种不同质地的土壤在 5 个不同设计流量下滴灌入渗试验，研究表明滴头流量对湿润体的水平运移距离影响大于垂直距离，而地表积水区域的大小影响到湿润体的形状和大小。

相关学者就滴灌条件下水氮运移及分布规律做了一些研究。李久生等（2009）研究表明，在不同流量下湿润锋附近处出现氮素的累积，施氮浓度影响到氮在土壤体内的分布，灌水量的增加对滴头附近处的氮素含量影响不大，只是增加了湿润锋处的含量。王旭洋等（2017）研究表明，不同的施肥时间对氮素的分布也产生影响，进行单点源入渗时，入渗时段内前一段时间施肥，氮素含量的最大值出现在距离滴头 30cm 的范围内，后一段时间施肥，则氮素集中在滴头附近，而中间时段施肥，氮素主要集中在距离滴头

15cm 的范围内。李久生等（2005）采用室内土箱试验分析了层状土壤对地下滴灌水分氮素分布的影响，结果表明上砂下壤层状土壤的砂壤界面对水分的横向扩散起到促进作用，减少了垂直入渗，在界面下方形成水分氮素的集聚区域，距离滴头越远，水分和氮素的含量越低。李慧敏等（2022）通过施肥条件下不同压力水头的微润灌室内土箱模拟试验，得出了"压力水头对硝态氮运移有促进作用，同一时刻相同土层深度，压力水头越大，氮素运移越快，土壤平均硝态氮含量越高"的结论。黄耀华等（2014）研究了室内条件下不同质地的紫色土滴灌施肥后氮素分布运移规律，结果表明土壤质地对水分和氮素的迁移影响较大，砂质壤土迁移距离最远，黏壤土的迁移距离最近。对于不同灌溉技术下的多点源交汇入渗，学者们进行了膜孔灌、涌泉灌、滴灌等灌水技术的多点源交汇入渗的研究，分析了间距、流量等对交汇后湿润体的形状、含水率、氮素分布等的影响。张林等（2012）研究了多点源滴灌交汇入渗条件下流量变化对湿润体土壤水分时空分布规律影响，结果表明交汇形成的湿润体内的含水率分布不均匀，在滴头下方，形成 2 个含水率较高的集中区域，流量越大越明显，再分布以后这个现象减弱。大量关于滴灌的研究，主要是和作物结合起来，研究不同影响因素下滴灌后对作物产量、生长生育状况等的影响，以及该作物下合理的滴灌技术参数的选择。雷呈刚（2016）通过 3 个不同流量的多点源滴灌田间试验，确定了滴头流量范围 1.2～2.0L/h 时最适合于新疆棉花的灌溉。李夏等（2017）研究认为经过两次水的磁化处理，对棉花的生长发育最好，并可以改善土壤盐碱化。Abdalhi et al.（2016）研究了温室条件下番茄的滴灌最佳灌水水平，通过 5 个不同水平的试验研究，分析认为 100％的灌水水平下果实的品质最佳、水分利用效率最高。王全九等（2001）研究了盐碱地膜下滴灌的技术参数，认为小流量、间距为 15～20cm、头水后施肥等方式最适合于盐碱地覆膜种植。栗岩峰等（2014）通过研究认为再生水条件下，短灌水周期和深埋滴灌带有助于提高番茄的品质产量。李久生等（2016）分析认为在山区丘陵地区应该采用自压滴灌技术模式，充分利用地形在在项目区位置较高处修建蓄水池等，实现自压供水；根据支管布置划分为不同的压力区域，并选择不同类型的滴头，使滴头工作压力与地形形成的压力相匹配，有些地区可以采用压力补偿式灌水器。

　　关于灌溉条件下氮素运移的影响因素及分布规律研究，Feigin et al.（1982）对粗质地土壤中生长的芹菜进行了滴灌施肥灌溉试验，试验使用硫酸铵、缓释肥和硝酸铵，得出氨的吸收量随着硝酸铵施用量的增加而增加，而随灌水量的变化不大。Hanson et al.（2006）研究了不同灌溉条件下，施加硝态氮、铵态氮和尿素后土壤氮素的分布和渗漏情况，并对其进行了数值模拟。结果表明，施用硝态氮比施用铵态氮和尿素更易于产生深层渗漏；滴灌施肥条件下氮素可利用率达 50.7%～64.9%，总体较其他微灌条件时的利用率 44%～47% 为高。王虎等（2008）使用硝态氮含量为 258mg/L 的肥液进行滴灌试验，研究了不同滴头流量、不同施肥量条件下硝态氮和水分的运移分布规律。穆红文等（2007）以硝酸钾为入渗溶液研究了硝态氮在膜孔灌肥液自由入渗条件下的运移过程，结果表明，在湿润锋范围内，沿膜孔水平和垂直方向，硝态氮前锋运移速率受土壤含水量的影响较大，且随土壤含水量的增加而增加；硝态氮前锋运移速率与运移距离具有较好的相关性，随运移距离的增加呈幂函数衰减变化；硝态氮前锋浓度随运移距离增加而升高，呈指数函数关系，且在湿润封面达到最大，其浓度随土壤含水量的增加呈幂函数递减。程东娟等（2009）通过室内膜孔灌灌施尿素模拟试验，研究了膜孔灌灌施尿素条件下氮素转化和分布规律。结果显示，尿素水解生成的铵态氮主要分布在膜孔中心附近，随着距离膜孔中心的增大而减小；7d 前硝化作用微弱，上层土壤硝态氮含量低于本底值，7d 后硝化作用增强，上层土壤硝态氮含量明显增大，高于本底值，且水平方向转化生成的硝态氮含量大于垂直方向；转化过程中，铵态氮减少量远大于硝态氮增加量。程东娟等（2008）通过研究膜孔灌灌施条件下硝态氮的迁移和分布规律发现，以膜孔中心向周围方向硝态氮含量减小，在湿润锋位置处急剧减小到本底值；再分布过程中，含水量分布更均匀，再分布 1～7d 内，硝态氮含量略有下降，10d 后，反硝化作用增强，且径向处反硝化作用弱于垂向处。贾丽华（2008）研究了玉米膜孔灌农田水氮分布特性和耗水规律。结果显示，土壤剖面硝态氮季节含量受灌水次数和灌水定额的影响较大，灌水频率越高、灌水定额越大，土壤表层硝态氮季节性减小越快，减小的土层越深，60cm 以下土壤硝态氮含量季节性增加越大；灌水定额越大，硝态氮运移距离越长，近施肥点硝态氮浓度锋距离膜孔中心越远远施肥点硝态氮浓度峰越大；土壤剖面 80～100cm 硝态氮随灌水频率和定额的增加而增加。程东娟等（2012）通过研究施氮量对膜孔灌玉米整个生育期土壤硝态氮动态变化和收获后累积影响发现不同施肥量处理，距膜孔中心距离越大，垂直剖面上的硝态氮质量分数越小，施肥量越大，垂直剖面上的硝态氮质量分数越大；增大施肥量推迟了玉米吸收硝态氮最大时期；且增大施肥量，玉米产量越高，累积硝态氮质量分数越大。费良军等（2009）研究了灌水定额对膜孔灌玉米农田土壤氮素运移转化特性，提出了膜孔灌玉米农田土壤硝态氮及其转化量和转化率、土壤铵态氮及其转化量和转化率与灌水定额和运移转化时间的经验公式。脱云飞（2009）通过对膜孔灌土壤氮素运移转化特性的研究，得出在入渗同一时刻，膜孔肥液多向交汇入渗土壤含水率和土壤铵态氮随水平距离和垂直距离的增大而减小，在交汇之前土壤硝态氮随水平距离的增大先增大后减小，交汇后土壤硝态氮随水平距离的增大而增多。入渗结束后，土壤铵态氮随水平和垂直距离的增大而减少，硝态氮随水平和垂直距离的增大先增多后减少为初始值；土壤铵态氮随分布时间的推移先增多后减少，硝态氮随分布时间的推移而增多。Rajput et al.(2006) 对滴灌施肥条件下农田土壤硝态氮的运移规律进行了研究，结果表明在垂直向 $0\sim30cm$ 土层深度范围内土壤硝态氮含量和分布主要受施肥量、施肥时间以及肥料种类的影响；而在剖面 $30\sim60cm$ 范围内，土壤水分与硝态氮的含量变化不大。武晓峰等（1998）研究表明，喷灌条件下不同深度土壤中硝态氮含量与施肥量呈正相关关系，但与灌水量的相关关系不明显。郭大应等（2001）对灌溉土壤硝态氮运移与土壤湿度的关系进行了研究，结果表明，土壤硝态氮的运移与土壤湿度有良好的相关关系，土壤湿度增加，土壤硝态氮的运移也会加剧。张建君等（2002）通过室内模拟试验研究了施肥条件下点源灌溉土壤硝态氮和土壤铵态氮的分布规律，经过分析认为，在相同土壤条件下，点源灌溉滴头流量、灌水量以及肥液浓度是影响湿润区域内土壤硝态氮和土壤铵态氮分布规律的 3 个主要因素。王虎等（2006）研究了大田滴灌施肥条件下滴头流量和灌水施肥量对土壤铵态氮运移分布的影响，认为灌水施肥量增大使铵态氮随水运移扩散的距离增大，使扩散区域内铵态氮浓度提高。董玉云等（2009）认为质地对土壤含水率的分布和再分布影响较大；入渗时间相同时，湿润深度随土壤黏粒含量的增加而减小；供水结束时，不同土壤质地的湿润体上层高含水率段的硝态氮分布均比较均匀，其含量相差较小；硝态氮本底值对土壤表层 10cm 范围内硝态氮含量的分布和再分布影响不大。宋海星等（2005）通过对玉米根系吸收作用及土壤水分对土壤硝态氮和土壤铵态氮分布影响的研究。发现根系发育状况和水分供应 2 个因素明显影响土壤硝态氮的运移分布；铵态氮的运移和分布不受根系发育状况及水分供应的影响。Bar - Yosef et al. (1976) 研究了滴灌条件下黏土和砂土中水分、硝态氮和磷的分布规律，结果表明，灌水结束后，黏土湿润体边缘硝态氮产生累积，而湿润区域内部的硝态氮浓度低于灌溉用水中的浓度，这种情况是因为反硝化反应导致的。砂土中的现象与黏土类似，不同之处在于砂土中的硝态氮的浓度并未显著低于灌溉水中的浓度，这主要是因为反硝化作用在有机质很少的砂土中几乎没有发生。Laher et al. (1980) 采用硫酸铵作为肥料研究了香蕉树条件下滴灌施肥灌溉，结果发现灌水器周围土壤硝态氮含量以及硝化细菌的含量很低。陈效民等（2003）通过研究得出土壤中硝态氮淋溶深度及淋失量主要受到地面接纳水量（降水和灌溉水）的影响，还与耕作方式、土壤质地、作物类型、氮素类型、生长密度及地下水位关系密切。Khan et al. (1996) 对点源条件下滴头流量、灌水量和溶液浓度对土壤水分和溶质分布规律的影响进行了研究，结果表明，溶质的初始浓度不同导致水平方向与垂直方向的水分和溶质运移规律出现明显差异，在水平方向，水分和溶质运移规律基本一致；在垂直方向，初始浓度较大时水分和溶质运移规律基本一致，而在初始浓度较小时，水分的运动比溶质运移超前。Hajrasuliha et al. （1998）用^{15}N 对肥料进行标记，分析田间试验，研究了以 KNO_3 和 $(NH_4)_2SO_4$ 作为肥料时土壤氮素的分布规律，并对作物吸收肥料的情况进行了分析研究。结果表明，以铵态氮为肥料时氮素向下运动距离至 150cm；而以硝态氮为肥料时氮素向下可运移距离至 210～240cm，作物在生长季节吸收利用的氮仅占施入氮量的 21～23%。沈仁芳等（1995）通过室内土柱试验研究，认为土壤硝态氮运移主要以对流为主，其运移基本上随土壤水分而运动。费良军等（2008）通过室内膜孔肥液自由入渗试验，对不同入渗时间和再分布过程中土壤铵态氮运移和分布特性进行了分析研究，结果表明，在肥液自由入渗过程中，铵态氮锋面运移滞后于土壤水分锋面，土壤铵态氮含量和土壤含水率以膜孔为中心向外逐渐递减；再分布初期，土壤铵态氮锋面和土壤水分锋面运移基本一致，土壤铵态氮含量和含水率以膜孔为中心向外逐渐减小，减小的速度变慢，随着再分布时间的延长，土壤铵态氮逐渐硝化产生硝态氮，铵态氮含量减少，硝态氮含量增加。袁新民等（2001）通过对不同施肥量条件下土壤硝态氮累积的研究，结果表明 0～2m 土层硝态氮累积比较显著，作物的吸氮量和化肥氮的施用量呈非线性关系，超过正常施氮量，土壤硝态氮会大量累积。曹俊等（2010）通过大田玉米灌水试验，研究了畦灌和膜孔灌条件下农田土壤水氮运移特性，结果表明在相同灌水定额条件下，膜孔灌土壤剖面含水率比畦灌剖面含水率变化均匀，土壤铵态氮含量随时间分布也比畦灌均匀；土壤铵态氮含量受土壤水分运动影响较小，硝态氮含量受灌水方式影响较大；膜孔灌土壤硝态氮含量随时间和垂直剖面分布均匀，且分布主要集中在 0～50cm 土层中，有利于作物对氮素的吸收。吕谋超等（2008）研究了停灌后不同时间内滴灌施肥条件下作物根际土壤水分和氮素分布规律，结果表明土壤硝态氮的含量随径向距离和土层深度的增加呈先增大后减小的趋势。杜红霞等（2009）通过田间小区试验研究了不同施氮量对土壤水分和硝态氮含量的影响，探讨氮肥对水肥资源高效利用的调节作用。结果表明，不同施氮处理，土壤剖面水分和硝态氮表现为表层 50cm 含量较高且呈降低态，50～110cm 相对较低且波动较小；施氮能显著提高水分利用效率及籽粒产量，增产效果明显，但当施氮量超过 240kg/hm^2 后，效果并不显著；并且给出了氮素利用率及控制土壤硝态氮累积和高产综合目标下夏玉米的适宜施氮量为 120～240kg/hm^2。李蓓等（2009）研究了 3 种不同滴灌带埋深对田间土壤水氮分布及春玉米产量的影响。结果表明，布置在地表的滴灌带其 70cm 以下土层中的土壤含水量和硝态氮含量均高于埋深 15cm 和 30cm 的，而其作物籽粒和鲜穗产量均低于后两者。马军花等（2004）依据建立的农田土壤氮素运移、转化和吸收数学模型对硝态氮的淋失量进行了模拟计算。结果表明，优化灌溉方案硝态氮淋失量显著减少。李京玲等（2012）建立了蓄水坑灌单坑土壤氮素迁移转化的数学模型，并检验了模型的有效性，发现模拟误差较小，表明该模型具有一定的适用性。侯振安等（2008）在温室条件下用 ^{15}N 标记尿素研究了滴灌条件下施肥方式对土壤水分、盐分和氮素分布产生的影响及其与棉花根系分布的关系。结果表明，土壤水盐分布受灌溉方式影响显著，但滴灌条件下不同施肥方式对土壤水盐分布无影响；滴灌条件下，氮肥在一次灌溉过程的前期施用有利于提高其利用率，减少淋溶损失。尹娟等（2005）对宁夏银南灌区稻田土壤中氮素运移进行了大田试验研究，探讨不同排水条件下，稻田中氮素的运移、转化规律。结果表明，硝态氮在下渗水流的驱动下，下移深度明显大于铵态氮；不同排水处理中，土壤剖面铵态氮浓度随深度增加逐渐降低，硝态氮浓度在 $0\sim100$cm 土层范围内随深度增加逐渐升高，之后呈降低趋势。脱云飞等（2009）通过室内试验研究了土壤容重对膜孔灌条件下土壤水分分布特征和氮素运移转化的影响，提出了湿润体内土壤含水率及其变化量和变化率、土壤硝态氮及其转化量和转化率、土壤铵态氮及其转化量和转化率与土壤容重和运移转化时间的经验公式。高德才等（2014）通过试验研究了生物炭对旱地土壤氮素动态变化的影响，结果显示，施用生物炭量达到 2% 以上能有效降低氮素淋洗和增加土壤全氮含量，起到减少氮素损失和提高氮素利用率，降低由氮素损失带来的环境污染及改善土壤肥力的目标。郑彩霞等（2014）研究了不同滴灌量和施肥水平条件下土壤水氮运移规律，结果表明，同一流量条件下，灌水量越大，水平湿润锋迁移越快，湿润半径越大，湿润锋与时间呈幂函数关系，土壤铵态氮随水分扩散距离越大，硝态氮含量增加，且在湿润体边缘产生累积。

1.4.4　水分溶质运移数值模拟

数值模拟是将复杂工程进行仿真的技术。对滴灌灌溉后水分溶质运移及分布的数值模拟将有助于了解不同因素下所形成的湿润体形状，含水率和溶质的分布，对该区域滴灌灌溉有指导意义。对于点源滴灌土壤水分运移的数学模型，Brandt et al.（1971）提出的点源模型具有代表性。Cote et al.（2003）模拟了滴灌土壤水分溶质运移及在土壤剖面上的分布状况，用以指导滴灌的设计。Yao et al.（2011）使用 SWMS-2D（模拟水运动）和伽尔金有限元模拟试验条件下的水分溶质运移过程，分析了水头压力，流量等对湿润体和含水率的影响。Singh et al.（2006）利用半经验方法和量纲分析方法建立了一个地下滴灌模拟模型，用于确定地下水源条件下湿润土壤带的几何形状。将湿润深度和湿润宽度的预测值与砂壤土的田间试验结果进行了比较。并对流量、侧向放置深度和施水持续时间对湿润宽度和深度的影响的模拟值和实测值进行了对比。用模型效率表示模型的可预测性，模拟湿润宽度和湿润深度时，模型效率分别为96.4％和98.4％。商业化软件 Hydrus 被应用到对滴灌点源入渗水分和溶质迁移的模拟（El-Nesr et al.，2014；Mashayekhi et al.，2016）中涵盖了二维和三维的模拟；而模拟值的准确性则与建模时的精度，网格划分、参数选取等相关（Amin et al.，2017；李久生等，2005）。何小梅（2017）基于非饱和土壤水动力学原理建立了地下滴灌条件下土壤水分入渗的数学模型，利用 Hydrus-3D 软件求解的数学模型，模型模拟与实测值相对误差小于10％；模拟结果准确性较高。Phogat et al.（2014）结合 Hydrus-2D 对果园滴灌系统灌溉后，土壤水分、盐分以及硝态氮浓度的运移分布进行模拟，并与每周观测的实测值相对比，结果表明模拟的精度较高，可以反映出实际情况。Dabach et al.（2015）通过高频率地下滴灌灌水，应用 Hydrus-2D 模拟非匀质土壤中含水率的变化，来指导张力计的布置位置，分析认为地下滴灌过程中张力计靠近滴头有助于提高含水率的测量精度。Müller et al.（2016）研究了4种滴灌灌水处理下，植物对水分胁迫的反应，通过 Hydrus-2D/3D 模拟灌溉周期、定额以及土壤质地等对作物耗水的影响。毛萌等（2005）应用 Hydrus-2D 软件对使用除草剂滴灌灌溉后随水分在土壤中的运移过程就行了模拟，在室内测定得到模型参数的条件下，模拟了不同流量、初始含水率等因素影响下土壤水分和除草剂分布规律，模拟值与实测值吻合较好。陈若男等（2010）研究了新疆含砂石土壤葡萄滴灌设计的合理技术参数，通过 Hydrus-2D 确定了土壤水力参数，并结合田间试验对不同滴灌带间距和流量下的滴灌水分分布进行了模拟，结合模拟和试验结果得出了该地区葡萄滴灌适宜的技术参数。张林等（2010）建立了多点源滴灌交汇入渗条件下的水分运动数学模型，利用 Hydrus 进行了求解，对比试验结果，模拟入渗交汇时间和深度与实测值的误差在10％以内。王建东等（2010）在田间试验的基础上，建立了滴灌水分、热运动模型，通过 Hydrus-2D 进行了求解，结果表明，模拟值效果较好，根据所建模型在已知资料条件下可以预测出滴灌水热耦合运移分布规律。姚鹏亮等（2011）应用 Hydrus 模型在考虑根系吸水的情况下，模拟了干旱地区枣树根区土壤水分变化过程，模拟结果对灌溉制度的设定提供了依据。孙林等（2012）通过建立一个简化的滴灌模型，模拟了滴灌湿润体的形成及毛管扩散过程中的水盐运移，并通过试验对模型进行了修正。刘玉春等（2012）通过人工神经网络和 RETC 软件得到土壤水分溶质相关参数，应用 Hydrus-2D 对4种不同铺装的层状土壤的水氮运移进行了模拟，并利用修正后的模型对不同影响因素下的土壤水氮运移分布进行了预测。关红杰等（2014）结合 Hydrus-2D 对干旱地区棉花膜下滴灌条件下滴灌均匀系数对水氮运移规律进行了模拟，结果表明，土壤含水率与实测值相一致，硝态氮含量模拟值受到土壤土壤空间变异性的影响。黄凯等（2015）建立了赤红壤多点源水分运动数学模型，通过 Hydrus-3D 模拟了多因素影响下的点源灌溉灌水均匀性，结果表明，在滴头间距为 30cm 时才可满足该类土壤灌水均匀性的要求。李显溦等（2017）结合地下滴灌田间试验，在试验得到土壤物理参数的条件下采用 Hydrus-3D 对滴灌土壤水盐运移进行了模拟，以此来指导新疆玛纳斯地区地下滴灌的埋设。裴青宝等（2017）建立了红壤水分溶质运移三维数学模型，并借助于 Hydrus-3D 对不同因素下的多点源滴灌水分溶质运移分布进行了模拟，结果表明模拟值与实测值具有很高的一致性。

曹巧红等（2003）应用 Hydrus-1D 模型对冬小麦农田土壤水分和氮素运移规律进行了模拟研究，根据模拟结果分析了不同水肥条件下根层土壤水分和氮素平衡特征，进行了水肥管理措施的评价。结果表明实测值和模拟结果大体一致，模型具有较强的可靠性。毕经伟等（2004）应用 Hydrus-1D 模型模拟了农田土壤水渗漏及硝态氮淋失特征，结果表明，传统水氮管理模式下，土壤水渗漏和硝态氮淋失严重，冬小麦生长季的硝态氮淋失量大于夏玉米，验证了改良灌溉施肥模式下的水分渗漏及硝态氮淋失少于传统模式。辛琛等（2004）使用 Hydrus-1D 软件反推了土壤滞留含水量、饱和含水量、孔隙体积大小分布指数及饱和导水率，并根据 3 种土壤的实测水分资料对其有效性进行了验证，结果吻合较好。孟江丽等（2004）利用 Hydrus 模型分析了灌溉水量对土壤盐分分布的影响，并对冬季灌水进行了分析。汤英（2011）应用 Hydrus-1D/2D 软件模拟了沙漠垄间及垄顶距树干不同距离处的土壤水分入渗过程，并以实测数据进行检验，效果良好。马欢等（2011）用 Hydrus-1D 模型模拟了 2006—2009 年的田间水分运移过程，并对模型中表面阻抗的计算方法进行了改进，结果表明，叶面积指数是影响蒸散发季节变化过程的重要因素，而气象条件主要决定时间尺度内的波动；对土壤含水率的模拟表明模型具有较高的精度。李睿冉（2012）采用 Hydrus-2D 模型模拟了不同运行情况渠道两侧的地下水土壤水动态变化，并与试验数据和结果进行比对分析，验证了该方法的可靠性。马增辉等（2011）采用 Hydrus-3D 软件，利用水盐运移建模、系统仿真和数值模拟的方法，对陕西卤泊滩水盐运移进行了研究，达到了实时模拟、动态控制的目的，同时也体现了数值模拟的优势，能有效缩短试验周期，节约成本。吴元芝等（2011）使用 Hydrus-1D 模型模拟了 3 种土壤（壤土、黏壤土、砂壤土）中玉米生长状况或蒸发力条件下根系吸水速率随含水率的动态变化，进而确定不同条件下根系吸水速率开始降低的临界含水率，衡量土壤水分有效性。余根坚等（2013）应用 Hydrus-1D/2D 对河套灌区不同灌水模式下土壤水分、盐分运移规律进行模拟，并与试验结果进行对比分析。结果表明，沟灌可以有效控制土壤盐分累积，且模拟结果有足够的可靠性。李耀刚等（2012）使用 Hydrus-3D 软件对涌泉根灌土壤水分三维入渗数值模拟模型进行了求解，得到了不同灌水流量下土壤水分运动规律，所得与试验结果之间相对误差不超过 12%；根据模拟结果进一步分析研究，结果表明土壤水分运动特征值随着流量的增大而增大；湿润体最大水平扩散半径位置在孔洞底部一下 5cm 处；相同位置处，湿润锋到达所用时间随流量的增大而缩短。李久生等（2005）基于对流弥散方程，建立了不同土壤地表滴灌施硝酸铵时水分和硝态氮运移数学模型及边界条件，并用 Hydrus-2D 进行了求解，结果表明，模拟值与实测值吻合良好，该软件具有较好的可靠性。张志悦等（2011）利用 Hydrus-1D 模型模拟了河北石津灌区冬小麦水分渗漏情况，得到了影响灌区渗漏的主要因素为初始饱和度和 2 次春灌灌水量，并得到了不同初始饱和度时 2 次春灌灌水量与 2 个渗漏比例的关系以及土壤储水量与日渗漏强度的指数关系。Zeng et al.（2014）建立 Hydrus-1D 模型模拟了不同灌溉条件下土壤剖面水分和盐分的运移，分析了土壤蓄水和盐浸效果。

1.5　蜜橘种植情况及存在的主要问题

1.5.1　我国蜜橘种植情况

柑橘是世界大宗水果，具有重要的国民经济价值。我国幅员辽阔，有适宜柑橘栽培的多种气候和土地类型，为柑橘种植提供了良好的条件。目前我国柑橘种植面积和产量均居世界首位，种植面积在 2019 年达到 2617000hm²，产量约为 4585 万 t。我国柑橘种植区域分布在北纬 $16°\sim37°$ 之间，海拔最高达 2600.00m（四川巴塘），南起海南省的三亚市，北至陕西、甘肃、河南，东起台湾省，西到西藏的雅鲁藏布江河谷。但柑橘主要产区集中在北纬 $20°\sim33°$ 之间，海拔 $700.00\sim1000.00m$ 以下。柑橘主产省份有浙江、福建、湖南、四川、广西、湖北、广东、江西、重庆和台湾等 10 个省（自治区、直辖市），其次是上海、贵州、云南、江苏等省（直辖市），陕西、河南、海南、安徽和甘肃等省也有种植。

蜜橘是柑橘的一种，味极甜，故称蜜橘。我国栽培柑橘的历史已经有4000 多年，主要产区为长江中下游和长江以南地区。1471 年，橘、柑、橙等柑橘类果树从中国传入葡萄牙的里斯本，1665 年才传入美国的佛罗里达。蜜橘是我国广泛种植的柑橘类水果，具有丰富的糖类和多种维生素。蜜橘的主要成分为水分、蛋白质、脂肪、碳水化合物、粗纤维、灰分、钙、磷、铁、维生素、胡萝卜素、硫胺素、核黄素、烟酸、抗坏血酸、钾、钠、镁等，属水果中珍品，待客佳选。

我国蜜橘的品种和品系非常多样，可以称为世界之冠。不同品种的蜜橘在果形、果皮颜色、果肉口感和味道等方面有所差异。当前，蜜橘种植通常采用现代化的种植技术和管理方法，包括合理施肥、病虫害防治、科学灌溉和采摘等。由于蜜橘具有良好的口感和丰富的营养价值，深受消费者喜爱。同时，随着人们对健康生活方式的关注度越来越高，蜜橘作为富含维生素 C和纤维的水果，受到越来越多人的青睐。为了提高蜜橘的产量和品质，科技人员积极推动蜜橘种植技术的改进和创新，包括引进新品种、推广优质栽培技术、改善土壤肥力、合理使用农药和化肥、科学灌溉等措施，以提高蜜橘的产量、抗病虫害能力和商品属性。

我国的蜜橘不仅满足国内市场需求，还逐渐拓展到国际市场。蜜橘出口量逐年增加，越来越多的中国蜜橘品牌进入国际市场，受到国外消费者的认可和欢迎。

1.5.2　江西蜜橘种植情况

江西位于中国东南部，地处亚热带和北亚热带过渡地带。该地区地势起伏，有丘陵、山地和盆地等地形，为蜜橘种植提供了多样的适宜地形条件。江西作为我国的柑橘生产重要产区，种植面积和产量分别位居全国第 3 位和第 6 位。蜜橘作为一种特色的亚热带经济作物水果，在江西也逐渐受到重视和发展。江西属于亚热带季风气候，气温适宜，降雨充沛，有利于蜜橘的生长和果实甜度的提高。同时，充足的日照和温暖的气候条件也有助于蜜橘果实的色泽鲜艳。江西的土壤种类丰富多样，主要包括红壤、黄壤和山地土壤等。这些土壤富含有机质和养分，透水性良好，并具备良好的保水能力，为蜜橘的生长提供了良好的土壤基础。江西蜜橘种植面积广泛，主要分布在南部的赣南地区和鄱阳湖周边。农民们利用丘陵和山地区域，根据当地的气候和土壤条件，选择适应性强、产量高、品质好的蜜橘品种进行种植，通过合理的土地利用和科学管理，不断扩大种植规模，提高产量和经济效益。江西注重蜜橘种植技术的推广和应用，当地政府和农业部门积极组织培训班、示范推广等活动，向农民普及种植技术和管理经验。同时，建立了农业科研机构和示范基地，推动蜜橘种植技术的创新和提升。

南丰蜜橘的栽培历史可追溯到战国时期，有着悠久的历史，南丰被誉为"橘都"。南丰蜜橘为江西省抚州市南丰县特产，是中国国家地理标志产品，富含氨基酸、硒等 40 多种维生素和微量元素，自唐代开始就为皇室贡品。南丰蜜橘作为特色品种在品质上不输其他产地，并且在全球范围内处于领先位置，具有独特的特色，年均产量达 15 亿 kg，行销全国和 40 多个国家和地区，单一品种种植规模和产量均为世界之最，出口量和出口国家数为全国第一，是江西省抚州市第一个"百亿"农业产业。蜜橘产业已成为南丰地区的支柱性产业，对当地经济增长起着不可替代的作用。这一产业不仅有利于巩固脱贫攻坚的重要成果，同时也与乡村振兴战略有效结合，符合"可持续发展"的伟大战略，为"十四五"经济建设打下了良好的基础。

1.5.3　蜜橘种植存在的主要问题

尽管我国蜜橘种植取得了显著成就，但仍面临一些挑战，如气候变化、季节性干旱、病虫害防治、劳动力成本、品种单一化和水资源管理等。江西年内降水分配极不均匀，通常集中在春季至夏初，导致 7—9 月极易出现连旱、季节性干旱，对柑橘、蜜橘等典型的亚热带水果的生产十分不利。因干旱造成的落果、小果或干湿交替频繁造成严重的裂果，都直接降低柑橘的产量和品质。另外，江西地区的土壤以红壤土为主，黏粒含量极高，较容易板结，大部分果园仍然以天然灌溉、漫灌、人工提水灌溉等传统灌溉方式为主，滴灌、透水混凝土渗灌、涌泉灌等新型节水灌溉模式还未全面推广，导致土壤中的有机质容易被分解，钙、镁、铝等元素大量流失，造成土壤养分不足，柑橘、蜜橘产量不稳定，间接影响了果园的收益，减少了农民的经济收入。

第2章
微灌试验和方法

2.1 研究区概况

江西省抚州市南丰县位于江西省东南部,抚州市南部,东经 $116°8'49''\sim$ $116°45'13''$E,北纬 $26°57'26''\sim 27°21'18''$N,年平均最高气温 19.5℃,年平均最低气温 17.4℃,多年平均年降水量为 1802mm,多年平均年日照时数为 1616h。该地隶属于赣抚平原腹地,位于抚河上游,属于典型的亚热带季风气候,四季分明,年降水量充沛。良好的气候条件和适宜的土壤为蜜橘种植奠定了良好的条件。

江西省水利科学院农村水利科研示范基地(以下简称"基地")位于南丰县白舍镇茶亭村,距南丰县城约 13km,距昌厦公路 1.5km,属于南丰蜜橘的主产区。基地土地总面积 536.8 亩,其中橘园面积约 416 亩,种植南丰蜜橘约 11900 棵,为成熟果树,长势良好;林地面积约 60 亩,主要为松木等原生树种。基地有比较完好的水土保持工程和灌排工程,具有基本的生产生活条件。基地规划定位为具有南方区域特色,以科研试验、示范推广为主,兼具学术交流、人才培养、科普教育功能的农村水利科研示范基地。基地以南方丘陵山区果业(柑橘)发展和生态文明建设为服务对象,向社会展示农业节水技术、宣扬生态文明理念。基地按功能分为科研试验区、示范推广区、辅助设施区。科研试验区划分为喷灌、滴灌、微灌、管灌、农业面源污染等试验区,全部为蜜橘园,共占地 160 亩。

大田试验布置在基地科研试验区内,基地土壤以红壤土为主,蜜橘亩均产量约 2000kg,优质果率可达 60% 以上。

2.2 技术路线

研究项目通过垂直和水平红壤水分溶质入渗试验,研究不同因素对红壤水分溶质运移的影响,建立水分溶质运移数学模型并借助于商业化软件

Hydrus 和 MATLAB 进行参数确定与模拟，分析模型的准确性。通过测定土壤质地、理化特性、饱和导水率、水分特征曲线等，进而确定适合于红壤水分溶质运移的模拟软件和相关参数。

研究不同红壤容重下多点源滴灌交汇入渗对湿润锋的推移过程及湿润体的形状影响。研究容重 $1.37 \pm 0.5 \mathrm{g/cm^3}$ 条件下滴头间距和流量对交汇入渗湿润锋推移、含水率及硝态氮含量在湿润体内的分布变化规律。建立多点源交汇入渗三维模型，借助于 Hydrus-3D 依据入渗模拟成果分析模型参数，并进行数值模拟，分析模型模拟的准确性。根据试验及模拟结果分析室内条件下最适合于红壤微灌技术的技术参数，为田间试验提供指导。

为探究微灌技术在不同条件下对土壤水分运移以及蜜橘果实质量、产量的影响，在大田试验基地，选取基地东南侧的 12 排果树作为试验对象，将其划分为 4 组不同的灌溉模式，每组 3 排的灌溉方式一致。该研究包括微润灌、滴灌、涌泉根灌和透水混凝土渗灌的 4 种灌溉技术，探究不同灌水量对蜜橘生长指标的影响，设置了 3 个不同灌水水平的试验组，由此研究不同灌水量对土壤水分运移情况以及对果树枝条生长状况、果实质量和产量等方面的影响过程及响应情况。该试验的目的是为了最大限度提高水资源的利用率和保证养分被充足吸收，使果园尽可能达到"水肥一体化"，从而提升果实质量；并且通过不同灌溉技术对果树生长效应影响的对比，在最优灌水量的情况下，验证最适合果实生长及其果实发育的最佳条件，即最佳灌溉方式。

2.3　微灌水肥运移室内试验

2.3.1　试验布设及方法

2.3.1.1　试验土样结构组成及其物理性质

试验土样为基地的红壤土，土壤略显酸性，养分肥沃，持水量较大，能够为果树提供良好的水、肥、气、热生长环境状况；用环刀取样测定园区内天然土壤容重为 $1.37 \mathrm{g/cm^3}$，采用烘干法测得当地红壤初始含水率为 12.74%，田间持水量为 26.8%，用马尔文激光粒度仪测定其土壤机械组成，土壤粒径 $d \leqslant 0.002\mathrm{mm}$、$0.002\mathrm{mm} < d \leqslant 0.02\mathrm{mm}$、$0.02\mathrm{mm} < d \leqslant 2\mathrm{mm}$ 区间百分比分别为 12.99%、42.26%、44.75%，根据国际制土壤质地分类标准，园区土壤为黏壤土。

2.3.1.2　试验器材装置

试验器材装置有透水混凝土渗灌灌水器、有机玻璃透明土箱（长×宽×高尺寸分别为 $50\mathrm{cm} \times 50\mathrm{cm} \times 50\mathrm{cm}$、$40\mathrm{cm} \times 40\mathrm{cm} \times 40\mathrm{cm}$ 和 $30\mathrm{cm} \times 30\mathrm{cm} \times$

30cm)、2mm 孔径砂石筛、马氏瓶、电子天平（精度 0.01g）、烘箱、托盘、铝盒、土钻、环刀、量筒、量尺、马克笔、普通硅酸盐水泥、二级配小石子、定制透水混凝土模具。

2.3.1.3　透水混凝土渗灌灌水器的制作

不同于滴灌、喷灌等其他灌水方法，本试验采用新型的透水混凝土渗灌灌水器，研究透水混凝土渗灌灌水均匀性、湿润体高含水区域等灌水指标，并与传统滴灌条件室内试验现象及灌水质量对比，研究透水混凝土渗灌模式下水分运移特性，确定蜜橘透水混凝土渗灌条件下适宜的灌水量及灌水器埋设间距。

试验前，在具有一定强度的方形硬纸板四周贴上透明胶带，使其表面光滑平整，并具有一定的防渗能力，方便后期拆除。将贴好透明胶带的方形硬纸板折叠成 7cm×7cm×5cm 的无盖有底立方体容器，四周缠绕好透明胶带，保证模具封闭性，避免装填透水混凝土时出现漏水泌浆。试验中透水混凝土渗灌灌水器采用普通硅酸盐水泥和小石子，未加入细砂等细骨料。在透水混凝土制作过程中，首先将砂石进行筛分处理，选取 9~16mm 的粗砂骨料与硅酸盐水泥按照水胶比为 0.34、骨胶比为 3.8 进行配比。实际操作中，先把称量好的小石子与水泥用铁锹反复拌和至均匀的混合材料，再将混料倒入搅拌机中，与计算好的水量进行拌和。充分拌和后，将透水混凝土倒入制定好的模具中装填振捣。最后将填充好透水混凝土的模具放置在干燥阴凉处静置一周，再放入养护室进行 28d 的养护。养护完成后，进行拆模，便可得到透水混凝土渗灌灌水器模型。透水混凝土渗灌灌水器模型及放置方式如图 2.3-1 所示。

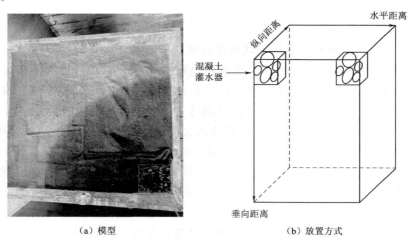

（a）模型　　　　　　　　　　（b）放置方式

图 2.3-1　透水混凝土渗灌灌水器模型及放置方式

通过室内试验，探究红壤透水混凝土渗灌条件下土壤水分运移规律，揭示不同灌水量（2L、3L、4L）和不同灌水间距（20cm、30cm、40cm）对蜜橘生长、品质特性的影响。

试验装置主要包括马氏瓶、有机玻璃透明土箱、透水混凝土渗灌灌水器3个部分，如图2.3-2所示，马氏瓶恒定水头供水，经橡胶管流入埋设于土箱中的透水混凝土渗灌灌水器中，由透水混凝土实体渗透至周围土壤。室内试验设置透水混凝土渗灌单点源在不同灌水量条件下及双点源透水混凝土渗灌在灌水量、灌水器间距2个变量9个处理条件下的12组试验，研究单点源、双点源红壤的水分运移特征及差异。室内透水混凝土入渗试验装置如图2.3-2所示。

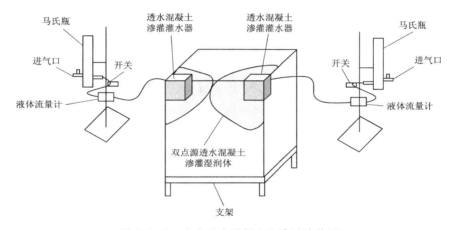

图 2.3-2　室内透水混凝土入渗试验装置

试验中以南丰基地红壤土为研究对象，土壤容重定为$1.37g/cm^3$，土壤风干碾磨经2mm砂石筛过筛后分层均匀装填于试验土箱中，每次装填8层，每层厚5cm，共装填40cm，装填时由于设定容重较大，为保证土壤尽可能填充均匀，将计算好的每层装填土分两次倒入土箱，倒土后用夯土器夯实。供水马氏瓶为有机玻璃材料，断面面积为$30cm^2$，高达69.5cm，瓶身附有透明刻度条，试验中观测水量变化并及时做好数据记录。试验前关闭进气阀和出水阀，加水至试验设定值，将输水橡胶软管与土箱中埋设好的透水混凝土渗灌灌水器连接好后开始试验。

由于土壤初始含水率较低，渗透能力较强，起始渗透速率较快；随着渗透持续进行，水平湿润锋和垂向湿润锋不断向前推进，土壤水分渗透路径加长，渗透速率下降，土壤渗透减慢，最终趋于稳定。结合土壤水分入渗特性，试验中湿润锋运移的观测时间间隔前密后疏，测定时间为1min、3min、

5min、7min、10min、15min、20min、30min、40min、60min、90min、150min、210min、270min、330min、390min，直至设定灌水量全部入渗完结束试验。

　　试验过程中需要及时记录湿润锋运移过程，为确保后期用 Excel 处理数据时更加精确，采用标有刻度的方形网格膜对每条湿润锋的 0°、15°、22.5°、45°、67.5°、90°等 6 个方向上的迹点进行读数，可适当加入更多方向的迹点，有利于湿润锋的准确轨迹绘制，如图 2.3-3 所示。

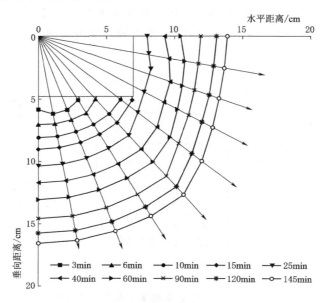

图 2.3-3　垂向面湿润锋迹点分布图

　　当观测双点源透水混凝土入渗时，需要记录左右湿润锋交汇时间。在设定灌水量渗透完成后，用土钻对入渗湿润体进行样点取土，取土样点如图 2.3-4 所示。

　　对水平湿润锋和垂向湿润锋每隔 5cm 进行取土测量，每组试验在 0°面、45°面和 90°面共 3 个平面的湿润范围内取土，采用烘干法测定各湿润面上各样点处的含水率，便于后期用 Surfer11 绘制含水率等值线图。取土前，先对各个铝盒按序编号，并用百分之一电子天平称重，记为盒重；按要求取土后放入对应铝盒中，再用天平测量其湿土与铝盒的总质量，记为湿土＋盒重；取土完成后将铝盒放入托盘中置于烘箱中，设定 105℃热烘 8h，结束后取出铝盒并称重，记为干土＋盒重；利用烘干法公式便可得到各样点处的质量含水率。

　　试验数据处理时，若发现存在数据差异大的异常数据或者无效数据时，

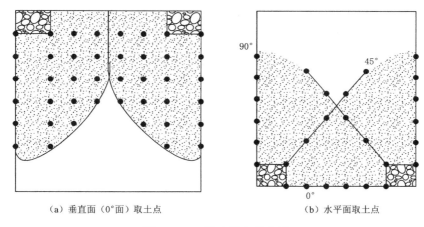

（a）垂直面（0°面）取土点　　　　　　（b）水平面取土点

图 2.3-4　取土样点分布图

该组试验需要重新开展。采用 Microsoft Excel 2007 对测定数据整理分析、计算含水率、绘制湿润锋运移轨迹图；采用 AutoCAD 2007 绘制试验装置图、布置图等；利用 Surfer 11 绘制土壤含水率等值线分布图。

2.3.2　监测指标及方法

2.3.2.1　单点源湿润锋运移特性试验

室内单点源透水混凝土渗灌试验采用马氏瓶恒定水头供水，试验土壤为南丰基地红壤土，容重设置为 $1.37g/cm^3$，设定 2L、3L、4L 3 个不同灌水量，探究红壤单点源透水混凝土渗灌条件下土壤水分运移特性，打开马氏瓶供水装置的出水阀门，试验过程中通过调节马氏瓶出水阀门张开程度来控制出流流量，确保马氏瓶供水稳定，避免流量过大造成表层积水，形成漫灌，导致试验失败。单点源透水混凝土渗灌试验开始后，按照时间间隔先密后疏的原则进行试验数据记录，将湿润锋运移过程曲线用粉笔或者马克笔记录在透明土箱上，用带有刻度网格的透明膜（40cm×50cm）读取湿润锋水分运移轨迹点的平面坐标。试验结束后按照取样点分布图进行取土并测定各点含水率。单点源透水混凝土渗灌试验结束后，湿润锋开始出现时，将水平运移距离和垂向运移距离分别与入渗时间 t 进行拟合，并记录单点源下湿润体的灌水量、水平运移距离、垂向运移距离、湿润体体积、距离横纵比和湿润体体积比。

2.3.2.2　双点源透水混凝土渗灌水分运移特性研究

在单点源试验基础上，在 40cm×40cm×40cm（长×宽×高）的透明有机玻璃土箱中分别开展 2L、3L、4L 不同灌水量的双点源水分入渗室内试验。

双点源透水混凝土渗灌模式下湿润锋运移主要分为两个过程：灌水量不足时，左右两端湿润锋未能交汇，此阶段双点源水分入渗过程与单点源入渗相同，即初始入渗阶段。将不同灌水量双点源入渗试验湿润锋运移过程用 Excel 散点图绘制，并记录开始交汇时间、交汇入渗历时时间、交汇面面积、交汇速率。

2.4　微灌技术大田试验

2.4.1　试验布设及方法

试验主要研究滴灌、微润灌、透水混凝土渗灌和涌泉灌 4 种节水灌溉技术对南丰蜜橘的影响。选取大田的 12 排果树作为试验对象，将其划分为 4 组不同的灌溉模式，每组 3 排的灌溉方式一致，即一个变量（灌水量）设置 3 个不同水平对照组，研究不同灌水量对土壤水分运移情况以及对果树枝条生长状况、果实质量和产量等方面的影响过程及响应情况。试验目的是在最大程度上提高水资源的利用率和保证养分被充分吸收，使果园灌溉尽可能达到"水肥一体化"，从而提升果实质量。通过比较不同灌水技术对果树生长效应的影响，在最优灌水量的情况下，明确最适合蜜橘生长及其果实发育的最佳条件，即最佳灌溉方式。通过对比不同灌水量对蜜橘的影响，得出最适合果树生长发育的最佳含水量，即最佳灌溉水量。立足促进蜜橘果品质量双保障，通过大田试验探索果园灌溉水利用效率，提出应对季节性干旱导致果园果品减产和品质下降的灌溉策略，对于缓解目前低丘陵区果园普遍存在的高耗水期水资源供需矛盾具有实用价值和示范作用。同时，对灌溉模式进行优化调节，选择一种最佳的灌溉方式，有利于促进区域农业结构调整，破解农业用水短缺的问题。

2.4.1.1　试验布置

选取长势良好、阳光充足、无明显病虫害且养料能及时供应的成熟果树作为研究对象。试验区域共 12 排果树，每排果树有 8 棵（选取 5 棵作为试验样本），长为 50m，宽为 21m，占地面积约为 1.6 亩。首先选择好水源，水源应考虑当地水头大小、水泵所在位置是否靠近试验区域等因素，将阀门选在第 6 排左侧道路上。管道的布置同样遵循"就近原则"，干管沿着高程从高至低布置，并在第 6 排处接通水源；干管和支管之间分别通过阀门、水表与支管连接；支管的布置分为 4 组，依次为微润灌区、滴灌区、透水混凝土渗灌区和涌泉灌区，在相同灌区的试验组内，设置 3 种不同的灌水量组，分别为低水组（H1）、中水组（H2）和高水组（H3），每排果树间距大约为 4.5m，每颗间距大约为5m。本试验主要研究红壤丘陵区不同微灌技术条件下，果实品质和产量对灌水量的响应规律；从而确定适宜南方红壤条件的高效节水灌溉技术。试验区管道布置模拟如图2.4-1和图2.4-2所示。

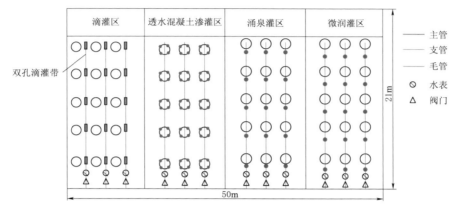

图2.4-1　试验区管道布置模拟图

图2.4-2　涌泉灌灌溉系统实地布置

2.4.1.2　微灌灌水器设计

滴灌技术灌水器为滴灌带，每组试验共设计1条透水滴灌带，总计3条。单个滴头流量为8L/h，土壤计划湿润比为0.3，灌溉水利用系数为0.9。该灌水器组成比较简单，主要由软管组成，通过旁通、水表与主管相连。试验采用薄壁双孔滴灌带，这是一种专门用于大棚、温室及小面积露地栽培的灌水器，它与主管、阀门、管件和有压的水源一起组成滴灌系统。该产品与传统滴灌带的不同之处在于出水孔的分布方式。传统的滴灌带铺放在田间时，出水孔是双孔。而薄壁双孔滴灌带，是每隔一定间距有一排两个全部朝上的孔，贴地一面无孔。因此在田间使用时，其抗堵塞性能大大优于传统的滴灌带。这种滴灌灌水器不仅保证了原始滴灌带节水减排的优点，同时也克服了原始灌水器不易控制流量、易发生堵塞等缺点。

微润灌溉技术采用管径 16mm 的微润管（深圳市微润灌有限公司）每组试验共设计 1 个透水器，总计 3 个。单个透水器流量为 4L/h，工作压力为 200kPa 水头，土壤计划湿润比为 0.3，灌溉水利用系数为 0.9。微润灌是一种新型微灌技术，产品结构简单、运行费用低，具有改善土壤水气环境，减少地表蒸发，抗堵塞性强，节水效果显著等优点。微润灌类似于渗灌技术，微润管整体出流且流量小，可实现作物生育期持续性供水，其流量在一定范围内随工作压力的增加呈线性增加关系，小区微润灌流量也可通过改变微润管布置间距来实现，从而对作物的生长产生影响。

涌泉根灌灌水器采用简易的矿泉水瓶灌水器，其出流孔在水瓶底部以上 5cm，东西南北各开 1 个小孔作为出流孔。每株果树对称埋设 2 个灌水器，水平距树干 25cm，埋深 20cm，每个灌水器流量为 4.0L/h，设计土壤湿润比为 0.30。涌泉灌灌溉系统实地布置如图 2.4-3 所示。为防止土壤颗粒堵塞，各灌水器底部用纱布缠绕若干圈，除土壤水分水平不同外，其他农艺措施均相同。

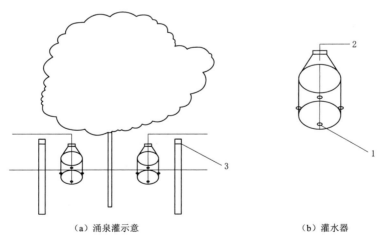

　　（a）涌泉灌示意　　　　　　　　　　　　　　　（b）灌水器

图 2.4-3　涌泉灌灌溉系统
1—出流孔；2—毛管；3—trime 管

透水混凝土渗灌灌水器由卵石、水泥和水制成。其中卵石粒径为 2～5cm，水泥采用不含砂水泥，以保证制成的透水混凝土具有一定透水性。各材料配合比为骨胶比 2.8、水胶比为 0.34，将三者按比例倒入搅拌机充分搅拌，搅拌均匀后把混合物分别装入若干个小桶中，在阴凉干燥处放置两周左右即可脱模埋入土壤中使用，孔隙率约为 23.52%。透水混凝土渗灌灌水器如图 2.4-4 所示。

图 2.4-4　透水混凝土渗灌灌水器

2.4.2　试验处理

大田试验在江西省抚州市南丰县白舍镇茶亭村江西省水利科学院农村水利科研示范基地进行。该基地位于赣抚平原腹地，属于亚热带季风气候区，占地面积 536 亩，其中橘园面积 416 亩。蜜橘的物候期可分为萌芽展叶期（3月 5—30 日）、开花坐果期（4 月 2 日—6 月 15 日）、果实膨大期（6 月 16日—8 月 31 日）和果实成熟期（9 月 1 日—11 月 15 日）4 个生育阶段。本试验设置土壤含水率 1 个因素，将土壤含水率设定为：（75%～90%）$\theta_\text{田}$，对应灌水处理 H1；（60%～90%）$\theta_\text{田}$，对应灌水处理 H2；（45%～90%）$\theta_\text{田}$，对应灌水处理 H3。施肥量根据当地果农种植经验定为 0.30kg/株，确保蜜橘果树养分供应，正常生长发育。试验选择萌芽展叶期和果实膨大期这两个生育期进行灌水。以当地果农日常管理蜜橘果树为对照（CK），试验共 4 个处理，每个处理 5 株果树，共 20 株，详见表 2.4-1。

为防止水分侧渗，各处理之间埋设 100cm 深的塑料薄膜，除土壤水分水平不同外，其他农艺措施均相同。在不同灌水技术试验区每株果树下垂直于地面向下打孔，同向布设 4 根 1m 的测量管，间距为 50cm，插入测量管后，用泥浆填充于测量管外壁与孔洞间的空隙，使测量管与土壤接触良好，通过各测量管结合 TDR 测试仪对果树根区不同深度进行含水率测定。TDR 型号

表 2.4-1 蜜橘各生育期土壤水分设定

灌水处理	土壤水分水平				施氮量/(kg/株)
	萌芽展叶期 (3月5日— 30日)	开花坐果期 (4月2日— 6月15日)	果实膨大期 (6月16日— 8月31日)	果实成熟期 (9月1日— 11月15日)	
H1	$(56\%\sim90\%)\,\theta_{田}$	$(56\%\sim70\%)\,\theta_{田}$	$(56\%\sim70\%)\,\theta_{田}$	$(56\%\sim70\%)\,\theta_{田}$	0.30
H2	$(56\%\sim80\%)\,\theta_{田}$	$(56\%\sim80\%)\,\theta_{田}$	$(56\%\sim80\%)\,\theta_{田}$	$(56\%\sim80\%)\,\theta_{田}$	0.30
H3	$(56\%\sim90\%)\,\theta_{田}$	$(56\%\sim90\%)\,\theta_{田}$	$(56\%\sim90\%)\,\theta_{田}$	$(56\%\sim90\%)\,\theta_{田}$	0.30

为 TRIME-PICO-IPH，它由 TRIME-IPH 升级而来，采用无线通信数据传输，可测量土壤或其他介质深达 3m 的剖面含水量，标定后可以同时测量土壤剖面的含盐量。该设备通过金属导体传导高频电磁波，抵达导体末端时反射回发射源，能够直接测量出土壤的介电常数，而土壤介质的介电常数又与含水率有着密切的关系。TDR 优点在于可以在不扰动、不破坏土壤结构的情况下，连续测量土壤水分；野外试验需要测量较多土样时，也常采用这种含水率间接测量法。使用过程中，先将土壤水分传感器与蓝牙通信模块连接好，插入果树周围的测量管中，开启数据管理器与蓝牙通信实现对接后进入管理器中的 PICO-TALK 程序便可进行数据采集。其中，蓝牙通信模块主要实现无线通信，同时给探头供电；PDA 数据管理器实现与蓝牙通信模块对接联用，读取数据并实时存储。

2.4.3 监测指标及方法

通过试验区域的田间墒情系统获取太阳辐射量、温度、湿度、风速、降水量等数据，研究蜜橘不同物候期的生长规律，主要指枝条生长变化及蜜橘果实在果实膨大期的生长变化；分析红壤丘陵区透水混凝土渗灌、滴灌、微润灌、涌泉灌灌水技术在不同灌水量条件下对生长性状（株高、枝条生长情况、叶面积指数等）的影响规律及成熟期蜜橘产量和品质的影响。主要监测数据指标、监测设备及监测方法如下。

2.4.3.1 气象数据

试验区的空气温度、空气相对湿度、太阳辐射强度、风速、风向及降雨量等气象因子均通过全自动气象站实时监测。每隔 1min 测定 1 次，每隔 30min 记录 1 次。

2.4.3.2 土壤含水率

采用管式 TDR-Trime 土壤水分测定系统对土壤含水率进行测定，将 4 根 TDR 测量管同向布置于每株蜜橘树旁，间隔 0.5m 由地面垂直向下打孔，插入 1m 长的测量管。每隔 0.1m 定点测定不同深度的土壤水分，测至 1m。

2.4.3.3 蜜橘生理生长

新梢生长期为从萌芽到开花前，这个时期蜜橘树生长的主要性状为：新生的枝条开始迅速生长，枝条上叶片增多、变大，枝条由细变粗。因此，选定枝条生长长度和枝条直径为新梢生长期的代表性状，以期研究萌芽展叶期（3月5—30日）蜜橘生长状况在不同灌水技术条件下对不同灌水量的响应。新稍发育后，各处理选取3株蜜橘果树观测，在每颗果树的东、南、西、北4个方位分别取样，采用卷尺和游标卡尺分别测量新稍的长度和直径。

2.4.3.4 蜜橘果实品质

在果实膨大期，蜜橘生长性状主要表现为果粒开始迅速生长膨大，选定蜜橘果实的横径、纵径指标进行观测来判断果实的发育情况。在蜜橘果实膨大期内对各片区的果实进行连续观测、称重，对12个试验组的每株果树选取有代表性的果实3个，做好标记，采用游标卡尺对果实的纵径（H）和横径（R）分别进行测量，每隔10d测定1次，观察蜜橘果实大小及果形指数变化状况；纵径和横径之比即为果形指数。同时在每株果树上摘取3个大小均一的代表性蜜橘，对果实含糖量进行测定，蜜橘果实含糖量采用具有温度补偿功能的手持式糖度计（Atagotoky）进行测定。将每个蜜橘果粒的果汁滴到糖度计玻璃光孔处，仪器液晶显示屏上会立刻显示可溶性固形物含量，取3个代表性果粒的平均值代表该监测位置的可溶性固形物，探究蜜橘在不同灌水技术不同灌水处理条件下，果实膨大期内的含糖量变化。

第3章

多因素影响下滴灌双点源交汇入渗水肥运移规律

滴灌技术作为一种节水高效的灌溉方式，在现代农业中扮演着至关重要的角色，因其能高效利用水资源、提高农作物产量和质量而受到人们的青睐。在滴灌系统中，双点源交汇入渗是一种常见的情况，了解其水肥运移规律对于优化农田管理、提高农业水肥利用效率具有重要意义。本章以红壤丘陵区果园为研究对象，探究滴灌双点源交汇入渗的水肥运移规律，明晰滴头间距和流量对滴灌水肥运移的影响，建立滴灌水肥三维运移模型，确定滴灌适宜的技术参数。

3.1 土壤湿润锋运移规律

3.1.1 试验布设及方法

试验样地表层土壤稳定入渗率为 1.4mm/min，土壤平均初始含水率为 9.2%，地表坡度在 14°～18° 之间，选择在蜜橘种植示范基地内未经扰动的土壤地进行试验，并且将表层土及石块、树叶等杂物清理干净。试验采用剖面法，将地块平整为边长为 2m 的正方形试验区。

采用双点源入渗试验，通过控制双点源滴头间距、滴头的流量研究湿润锋特性。马氏瓶为本次试验的供水装置，在恒定水头下通过调节马氏瓶的开关大小控制连接双点源滴头软管的出水流量，设定 3 种不同的滴头，其流量分别为 2L/h、4L/h、6L/h；滴头间距分别为 20cm、40cm、60cm，将滴灌带滴头按上述间距布置，在滴头下放入 1 片滤纸防止滴头流量过大时冲击破坏土壤结构。开始入渗后，用秒表计时，试验记录时间设置为 1min、2min、5min、10min、20min、30min、40min、60min、80min、100min、120min、150min、180min、240min、360min。每组试验灌水历时均为 6h，中途若水量不足应在较短的时间内暂停试验，加入充足的水量继续试验。观测记录累积入渗量距离随时间的变化以及水平湿润锋运移距离的相关数据。灌水停止后，因双点源滴头对称布置且两点源流量一致，故湿润体较为对称。灌水停止后，在水平面上每 10cm 记为 1 个点样，以双点源连线为极坐标轴，以滴头间距为极径，极角取 0°、45°、90°、135°、180°，用土钻在 1m 的垂直深度每 10cm 取湿润体范围内的土样，采用烘干法测定土壤含水率。取样结束后用塑料薄膜遮盖湿润体，以防降雨和蒸发导致较大误差。上述试验一共 9 组，每组试验重复 3 次，去除偏差较大的数据，最后取其平均值作为试验结果。采用 Microsoft Excel 2010、AutoCAD 2007、OriginPro 2016 等软件进行绘图、数据处理及统计分析。

3.1.2　双点源交汇入渗对湿润锋的影响

不同灌水技术要素对双点源滴灌条件下湿润锋运移特性有一定影响，试验发现滴灌的滴头流量、灌水量、滴头间距决定湿润体形状和大小。由图 3.1 - 1 (a)、(b) 可见，在滴头流量为 4L/h、滴头间距为 40cm 的条件下，随着入渗时间的增大，水平、垂直湿润锋运移速率逐渐变小；在同一灌水历时，垂向湿润锋运移距离大于水平湿润锋运移距离，水平方向上形成的湿润面积较小。灌水开始后，地表形成积水入渗现象，使得表层土壤含水率在较短时间内达到饱和或接近饱和，水平湿润锋在土层间水势梯度的作用下迅速向前移。在入渗过程，水平湿润锋不断增大运移距离，所形成的水平湿润面面积不断变大。在入渗后期，湿润体内土壤水分在重力和毛细管力的双重作用下向深层运移，从而会促进了水分在竖直方向的运移扩散。

根据双点源滴灌湿润体交汇作用对土壤湿润锋运移的影响，双点源滴灌入渗过程可以分为两个阶段。前一个阶段为双点源滴灌入渗所形成的湿润体的水平湿润锋还未发生交汇之前，即自由入渗阶段，该阶段入渗特性与单点源自由入渗特性相同。由图 3.1 - 1 (b)、(c) 可见，在滴头流量为 4L/h、滴头间距为 40cm 的条件下，双点源交汇入渗和单点源入渗相比较，灌水结束时，双点源交汇入渗情况下，水平、垂直湿润运移距离分别多了 0.7cm 和 1.1cm，这说明多点源滴灌交汇入渗作用对形成土壤湿润体有促进作用。

土壤湿润体的形状近似为半球形状，且由图 3.1 - 1 (c) 可以看出在两点源所形成的湿润体发生交汇之前，单点源入渗所形成的湿润锋形状也近似于 1/4 椭圆，这与自由入渗情况下所形成的湿润锋形状大致一致；双点源滴灌入渗所湿润的湿润体水平湿润锋还未发生湿润锋交汇之前即单向交汇入渗阶段，双点源交汇入渗进入第二阶段后，相邻两湿润体之间产生一个相互连接、重叠的界面，称为交汇面，随着入渗时间的增加，交汇面处的湿润锋运移速率比入渗点源处的湿润锋运移速率要快。因为双点源滴灌入渗试验时，两个滴头对称布置且两个滴头的流量一致，故即使湿润体交汇后，交汇面剖面上为

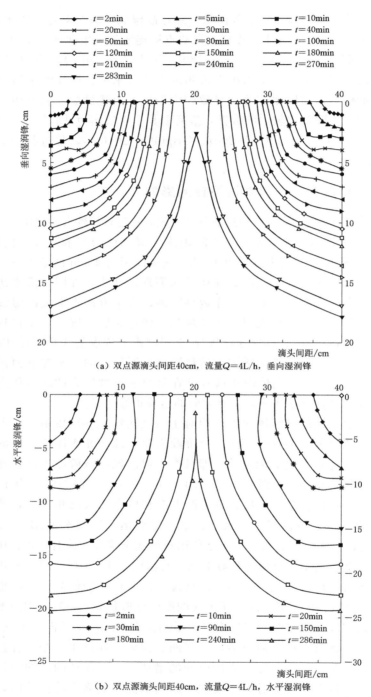

（a）双点源滴头间距40cm，流量$Q=4$L/h，垂向湿润锋

（b）双点源滴头间距40cm，流量$Q=4$L/h，水平湿润锋

图 3.1-1（一）　湿润锋运移距离随灌水时间的变化

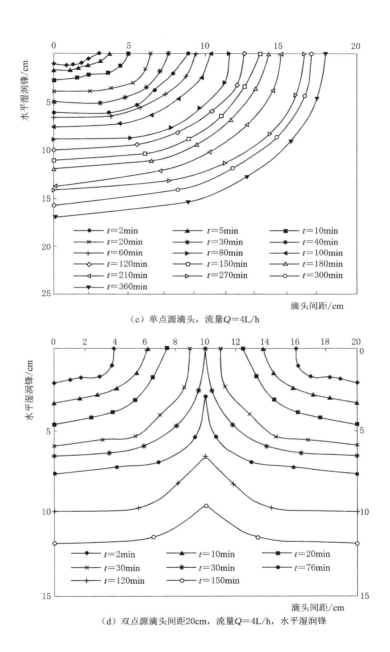

（c）单点源滴头，流量Q=4L/h

（d）双点源滴头间距20cm，流量Q=4L/h，水平湿润锋

图 3.1-1（二） 湿润锋运移距离随灌水时间的变化

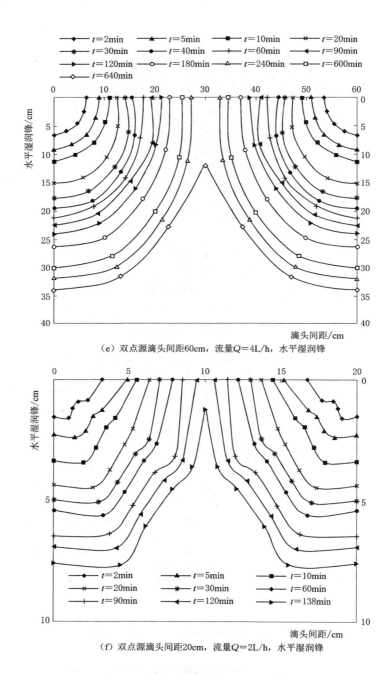

（e）双点源滴头间距60cm，流量$Q=4$L/h，水平湿润锋

（f）双点源滴头间距20cm，流量$Q=2$L/h，水平湿润锋

图 3.1-1（三）　湿润锋运移距离随灌水时间的变化

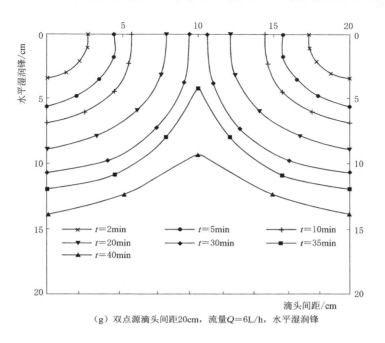

（g）双点源滴头间距20cm，流量Q＝6L/h，水平湿润锋

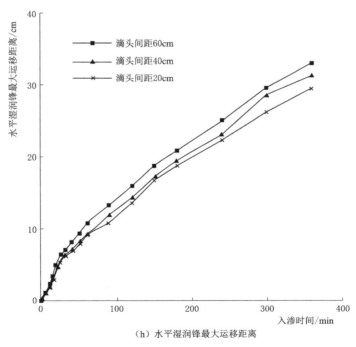

（h）水平湿润锋最大运移距离

图3.1-1（四） 湿润锋运移距离随灌水时间的变化

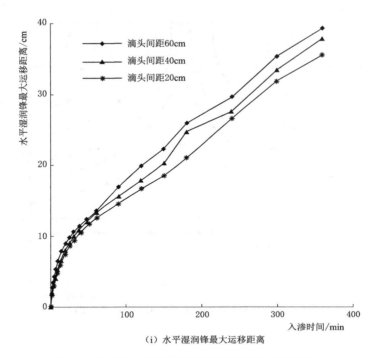

（i）水平湿润锋最大运移距离

图 3.1-1（五） 湿润锋运移距离随灌水时间的变化

零势面，没有水分溶质相互渗入。

3.1.3 滴头间距对湿润锋的影响

由图 3.1-1（b）、（d）、（e）分析可以得出：在同一滴头流量，不同滴头间距条件下，双点源滴头间距 20cm，流量 $Q＝4L/h$ 时，水平方向湿润锋交汇用时 76min，此时水平湿润锋最大距离为 7.6cm，灌水历时为 120min 时，此时最大水平湿润锋距离为 9.9cm，灌水历时为 150h，此时水平湿润锋最大距离为 11.6cm；滴头间距为 40cm，流量 $Q＝4L/h$ 时，水平方向湿润锋交汇用时 240min，此时水平湿润锋最大距离为 20.2cm，滴头间距 60cm；流量 $Q＝4L/h$ 时，水平方向湿润锋交汇用 340min，此时水平湿润锋最大距离为 30.4cm。在湿润锋交汇前，水平湿润锋最大距离随时间增加而增加，交汇后，湿润锋运移速率有低的趋势。在同一滴头流量下，湿润锋交汇用时随着滴头间距的增大而增大，且通过土样含水测量发现湿润锋前沿的含水率随滴头间距的增大而减小，即土壤湿润体的均匀性随着滴头间距的增大而降低。当双点源滴头间距 40cm，流量 $Q＝4L/h$ 时，产生的湿润体交汇程度较大，湿润体内水分的均匀性最较好。

3.1.4 滴头流量对湿润锋的影响

由图 3.1-1 (d)、(f)、(g) 分析可以得出，在双点源滴头间距为 20cm 的条件下，流量 $Q=2L/h$ 时，水平方向湿润锋交汇用时 120min，此时水平湿润锋最大距离为 6.1cm；双点源滴头间距 20cm，流量 $Q=4L/h$ 时，水平方向湿润锋交汇用时 78min；流量 $Q=6L/h$ 时，水平湿润锋最大距离为 7.6cm，水平方向湿润锋交汇用时 35min，此时水平湿润锋最大距离为 11.7cm，随着双点源滴头流量的增大湿润锋交汇历时减小，水平湿润锋最大距离有增大趋势，且湿润锋更接近于 1/4 圆弧线、两滴头滴灌区域中心点处与交汇界面处的距离相差较大、沿滴灌管方向土壤的湿润更均匀、湿润体形状更规则、湿润断面相近。

3.1.5 湿润锋随时间的变化规律

在双点源滴头流量为 4L/h 条件下，由图 3.1-1 (h)、(i) 可见，双点源入渗发生交汇后，交汇界面的水平湿润锋运移距离和垂直湿润锋运移距离均随着交汇时间的增大而增大。由表 3.1-1 可知，交汇界面水平湿润锋最大运移距离和垂向湿润锋最大运移距离都与入渗时间有良好的多项式关系。在同一滴头流量下，水平湿润锋最大运移距离和垂向湿润锋最大运移距离和时间关系曲线逐渐变缓，即最大湿润锋运移速率在湿润锋交汇后逐渐变小。在不同滴头间距、同一滴头流量的情况下，水平湿润锋最大运移距离和垂向湿润锋最大运移距离相比，在灌水初期相差不大，但在垂直方向土壤水分受到重力和毛细管力双重作用，使得垂向湿润锋运移速率明显快于水平湿润锋运移速率；相同时间内，垂向湿润锋最大运移距离大于水平湿润锋最大运移距离。

表 3.1-1 水平湿润锋运移距离 (L) 与时间 (t) 的拟合公式及决定系数

湿润锋 方向	试验条件 （流量 $Q=4L/h$）	拟　合　公　式	决定系数 R^2
水平	双点源滴头间距 20cm	$L=-0.002t^2+0.1425t+1.4305$	0.9886
	双点源滴头间距 40cm	$L=-0.002t^2+0.1293t+1.1324$	0.9911
	双点源滴头间距 60cm	$L=-0.002t^2+0.1252t+1.0832$	0.9908
垂直	双点源滴头间距 20cm	$L=-0.002t^2+0.1531t+3.5121$	0.9899
	双点源滴头间距 40cm	$L=-0.002t^2+0.1494t+3.6556$	0.9903
	双点源滴头间距 60cm	$L=-0.002t^2+0.1492t+4.2697$	0.9923

注

3.1.6　滴头间距对水平湿润锋面积变化的影响

将水平最大湿润锋与垂直向下最大湿润锋的百分比定义为湿润比，湿润土体与整个计划层土体的比值定义为土壤湿润比，地面以下 30cm 深处的土壤湿润面积与滴头控制面积的比值定义为滴灌条件下的土壤湿润比。水平湿润锋总面积和两点源之间的水平湿润锋交汇面面积主要受双点源滴头间距及点源滴头流量的影响。根据水量平衡原理，在一定时间内，随着点源滴头流量增加时，土壤湿润体总体积增加，但湿润体总体积的增加不是等比例增加。且交汇的湿润体体积在一定时间内，随着双点源滴头间距的增加，土壤交汇湿润体有减小的趋势。试验中的湿润体的体积较难测出，故只测出水平湿润锋总面积和湿润锋交汇面积。由图 3.1－1 (b)、(d)、(e) 可以看出，双点源滴头间距 20cm，流量 $Q=4L/h$ 时，水平方向湿润锋交汇用时 78min；滴头间距 40cm，流量 $Q=4L/h$ 时，水平方向湿润锋交汇用时 240min；滴头间距 60cm，流量 $Q=4L/h$ 时，水平方向湿润锋交汇用时 340min。计算土壤表层湿润锋面积，即水平湿润锋总面积和两点源之间水平湿润锋交汇面积，超过两点源之间的水平湿润锋交汇面积不计入，计算结果见表 3.1－2。

表 3.1－2　　　　　　　　　　水平湿润锋湿润面积　　　　　　　　　单位：cm^2

试验条件 （流量 $Q=4L/h$）	灌水历时 240min		灌水历时 340min		灌水历时 360min	
	总湿润面积	交汇面积	总湿润面积	交汇面积	总湿润面积	交汇面积
双点源滴头间距 20cm	1396.2	289.2	2240.1	689.6	2410.5	802.3
双点源滴头间距 40cm	1474.6	0	2647.6	1050.9	3056.1	1356.8
双点源滴头间距 60cm	1489.9	0	2808.1	0	3282	425.6

由表 3.1－2 可以分析得出，对于双点源滴头 3 个间距（20cm、40cm、60cm），当灌水历时为 240min 时，即双点源滴头间距 40cm，流量 $Q=4L/h$ 时，水平方向湿润锋交汇用 240min，两点源之间水平湿润锋交汇面积占水平湿润锋总面积占比分别为 30.78%、0%、0%，两个面积之和为 1685.4cm^2、1474.6cm^2、1489.9cm^2；当灌水历时为 340min 时，即双点源滴头间距 60cm，流量 $Q=4L/h$ 时，水平方向湿润锋交汇用时 340min，两点源之间水平湿润锋交汇面积占水平湿润锋总面积占比分别为 20.71%、39.69%、0%，两个面积之和为 2929.7cm^2、3698.5cm^2、2808.1cm^2；当灌水历时为 360min 时，双点源滴头停止灌溉，两点源之间水平湿润锋交汇面积占水平湿润锋总面积占比分别为 33.28%、44.39%、12.96%，两个面积之和为 3212.8cm^2、4412.9cm^2、3707.6cm^2。喜湿忌渍是蜜橘根系的一大特点，而且保持一定的大小土壤湿润体是种植蜜橘的关键。

当滴头流量为 4L/h，滴头间距为 40cm 时，水平湿润锋总面积和两点源之间水平湿润锋交汇面面积增加明显，两点源之间水平湿润锋交汇面积占水平湿润锋总面积之比为三者中最大，灌水历时较长时，水平湿润锋总面积和两点源之间水平湿润锋交汇面面积之和也为最大。

3.2 多因素影响下滴灌土壤水分溶质运移规律

滴灌后在红壤中形成湿润体，多点源滴灌湿润体相互交汇形成湿润带。其湿润带内不同位置的土壤含水率和溶质含量等决定计划湿润层内的有效水肥含量。

3.2.1 土壤水分运移规律

不同间距流量试验结束后，滴头下方表面湿润范围为参照点，分别在 0°、45°、90°处按照水平间距 5cm、垂直间距 5cm 通过预先埋设的 TDR 探头测定该处土壤含水率，不同位置的含水率变化如图 3.2-1～图 3.2-5 所示。由图 3.2-1～图 3.2-5 可知，灌溉结束后，湿润体内土壤水分随入渗深度的增加而减少，且距滴头距离越远含水率越低，间距越小含水率越高。由图 3.2-1～图 3.2-5 可见，间距为 20cm 流量为 2.1mL/min，在距离滴头 5cm 处和 10cm 处的剖面含水率差异不大，而其他两个流量试验结束后同一剖面上土壤含水率降低的很快，流量为 8.4mL/min 的最明显。结果表明低滴头流量湿润锋交汇的时间较长，滴头下方积水区域较小，有一个稳定入渗的过程。流量

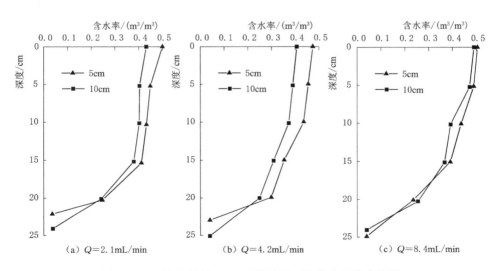

图 3.2-1 滴头间距 20cm 不同流量下土壤水分分布特征

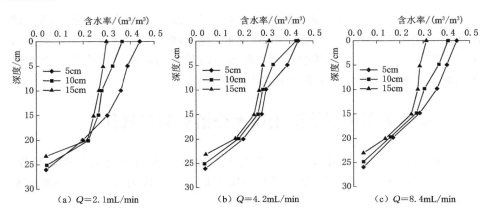

图 3.2-2　滴头间距 30cm 不同流量下土壤水分分布特征

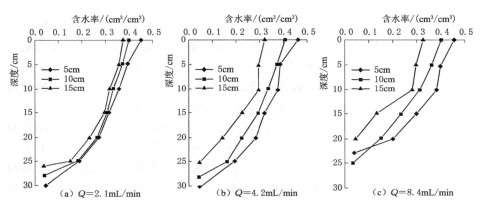

图 3.2-3　滴头间距 40cm 不同流量下土壤水分分布特征

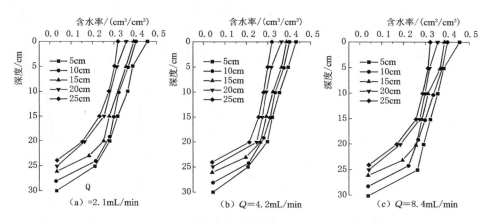

图 3.2-4　滴头间距 50cm 不同流量下土壤水分分布特征

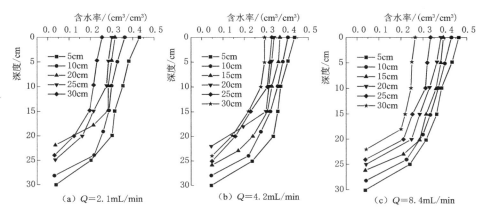

图 3.2-5　滴头间距 60cm 不同流量下土壤水分分布特征

较大时，在间距为 20cm 时很容易出现严重的地表积水现象，随着积水区域扩散，表层土壤被湿润，而入渗到土体内部的水分会相应减少。流量为 8.4mL/min 时，土壤表层 5cm 内的含水率高于其他两个流量在该位置的含水率，且接近于饱和状态。这是因为水分的扩散造成其地表含水率较高，也再次证明该间距水分容易产生地表径流，土壤剖面上的含水率较低不适合于蜜橘滴灌。

由图 3.2-2 可见，滴头间距为 30cm 时，在某一剖面上的含水率随着深度的增加而减少，至湿润锋处降到最低，地表处距离滴头越远该处剖面上的含水率相应越低。而流量越大时，距地表 10cm 深度处的土壤含水率越低。由图 3.2-3 可见，间距为 40cm 时，不同流量下的剖面含水率呈现递减的趋势，且距离滴头越远，剖面上的含水率越低；流量越大，同一剖面上的含水率递减趋势越明显。

由图 3.2-4 可见，滴头间距为 50cm 时，流量对湿润体内土壤含水率的影响较小，各剖面上的含水率变化没有其他间距明显，含水率在湿润锋处明显的降低。结合图 3.2-5 滴头间距为 60cm 的试验，这两个间距下不同剖面含水率的大小与流量关系较大，流量越大在同一个剖面上含水率差异越不明显。分析认为在大间距下，即间距为 50cm 和 60cm 时，滴灌入渗在很长一段时间内只是单点源入渗，湿润体之间没有干扰，随着积水区域的扩大到一定范围后趋于稳定，而水分的入渗也趋于稳定状态，流量较大时随着入渗时间的延长，渗入到土体内的水分增加使得各位置的土壤含水率接近于饱和含水率，且距离滴头越近含水率越大。间距较小时，两个滴头下方的积水区域很容易汇聚在一起，并发生地表径流，湿润更多的表层土壤，造成水肥流失。从湿润体水分分布规律发现，小间距大流量不利于土壤湿润体内含水率增加。

3.2.2　土壤溶质运移规律

肥料中的硝态氮用于农业补充"氮"元素，是氧化态为阴离子，不易被土壤胶体吸附、移动快，容易被作物根系吸收使作物生长加快，延长作物生长期和采收期。果实类作物如缺"氮"则果实发育不良，畸形果实较多。施肥过程中硝酸钾等肥料对农作物的生长起到重要的作用，为作物生长提供必需的营养元素。选取硝态氮作为代表性肥料，溶于水后研究其随水分在土壤中的迁移分布规律，试验结果可为蜜橘水肥一体化滴灌设计提供理论支撑。

图 3.2-6～图 3.2-10 为不同间距流量滴灌试验后湿润体内硝态氮的分布图。总体而言，滴灌结束后湿润体内的硝态氮含量在同一剖面上随着深度的增加而递减。同一深度处，随着距离滴头远近的硝态氮含量也不同，距离滴头越近含量越高。在湿润锋交界处急剧下降，并达到初始值。

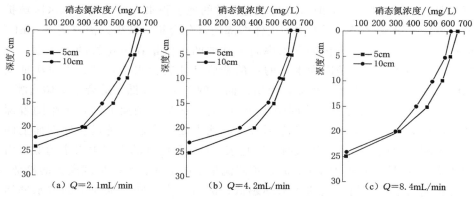

图 3.2-6　滴头间距 20cm 不同流量下硝态氮浓度分布特征

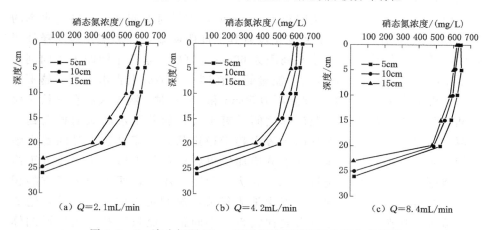

图 3.2-7　滴头间距 30cm 不同流量下硝态氮浓度分布特征

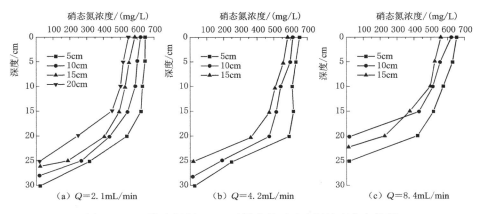

图 3.2-8 滴头间距 40cm 不同流量下硝态氮浓度分布特征

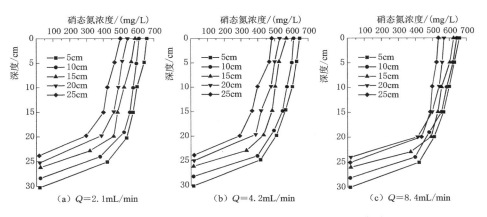

图 3.2-9 滴头间距 50cm 不同流量下硝态氮浓度分布特征

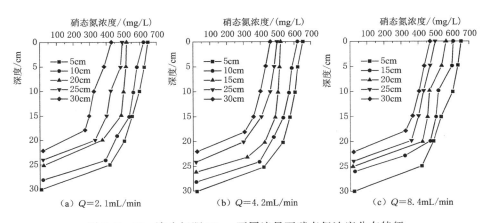

图 3.2-10 滴头间距 60cm 不同流量下硝态氮浓度分布特征

由图 3.2-6 可见，滴头间距为 20cm 时，在水平距离滴头 5cm 和 10cm 处，深度为 10cm 的范围内硝态氮的含量变化不大，流量对硝态氮含量的影响较小。该间距滴灌过程中出现了地表积水区域交汇和地表积水漫流的现象，土壤表层积水层导致不同点处的入渗水头和供给水量相同。由图 3.2-7 可知，不同位置的含水率差异较小，同样是点源入渗转化为积水入渗的原因引起。由于硝态氮随水迁移，不被土壤颗粒吸附，所以在这种状态下不同位置处硝态氮也没有明显的差异。说明在不考虑水肥流失的条件下，小间距的滴头设计水分和溶质迁移是比较均匀的。

由图 3.2-8 可见，滴头间距为 30cm 时，流量对各点处硝态氮的含量有较大的影响，且同一深度流量越大，不同距离处硝态氮的含量相差越小。流量为 2.1mL/min 时，以距离地表深度为 10cm 处为例，水平距离滴头 5cm、10cm、15cm 处 的 硝 态 氮 含 量 分 别 为 606.52mg/L、552.86mg/L 和 511.55mg/L，相差较大。而流量 8.4mL/min 时，相同位置处的硝态氮含量差别仅在 15mg/L 之内，表明间距为 30cm 时高流量有助于溶质的均匀分布。

滴头间距 20cm 和 30cm 时流量对硝态氮含量影响的试验表明，大流量小间距时，地表积水区域扩张使水分溶质运移变得均匀。由图 3.2-8～图 3.2-10 可见，滴头间距为 40cm、50cm 和 60cm 时，同一深度的不同位置的硝态氮含量受到流量的影响变化较大，流量越大同一位置处硝态氮含量越高。在距滴头水平距离 10cm 垂直距离 10cm 处，流量为 8.4mL/min 时的硝态氮含量明显高于其他两个流量。同一流量下距离滴头越远，含量越低，而流量为 8.4mL/min 时，在距离滴头 10cm、距离地表 5cm 的范围内含量差别不明显。这是因为在流量为 8.4mL/min 时，滴头下方的积水区域较大，入渗为积水入渗或为充分供水条件下的入渗。随着入渗到土壤中的水分增加，土壤胶体在 NO_3^- 离子的作用下携带电荷被中和，颗粒更加团聚在一起，使得土壤中的孔隙增加，纳水能力增强促使硝态氮相应增加。在水平距离滴头较远的位置处，水分溶质运移是非充分供水状态下进行的，其水分和硝态氮含量受到供水能力的限制，流量越小供给水能力越低，影响了水肥溶质在各位置处的分布。间距为 60cm 时，湿润体之间不发生交汇，其水分溶质的扩散属于自由入渗，所以在入渗后同一剖面上不同深度处的硝态氮含量减少较小。对于生产实际，需要综合分析滴灌供水能力和间距，以满足作物对水肥的需求量。

3.3 滴灌水肥运移三维模型及参数

为更加深入地了解不同因素影响下红壤土多点源滴灌水肥运移规律及湿润体分布，通过模型对其规律进行模拟。对于红壤多点源交汇入渗水分溶质运移的数值模拟借助商业化软件 Hydrus - 3D 完成。

3.3.1　多点源交汇入渗水分溶质运移数学模型

3.3.1.1　多点源滴灌交汇入渗红壤水分溶质运动方程

1. 滴灌交汇入渗水分运移方程

多点源交汇入渗的水分运移为三维流动问题，对于该类问题，参照室内交汇试验设计，假定模拟的土壤各向同性、不考虑蒸发、具有相同的初始含水率，也不考虑滞后效应；则三维轴对称点源交汇入渗水分运移方程可用 Richard 方程表示为

$$\frac{\partial \theta}{\partial t} = \frac{\partial}{\partial x}\left(K_h \frac{\partial h}{\partial x}\right) + \frac{\partial}{\partial y}\left(K_h \frac{\partial h}{\partial y}\right) + \frac{\partial}{\partial z}\left(K_h \frac{\partial h}{\partial z}\right) - \frac{\partial K_h}{\partial z} \qquad (3.3-1)$$

式中：θ 为红壤含水率，m^3/m^3；H 为负压水头，m；x、y、z 为坐标（z 坐标向下为正），m；t 为灌水历时，min；K_h 为红壤非饱和导水率，m/min。

Hydrus - 3D 模拟时需要的非饱和土壤水分特征曲线、土壤导水率 $k(h)$ 采用 van Genuchten 模型表示，并不考虑滞后效应。

$$\theta_h = \theta_h + \frac{\theta_s - \theta_r}{[1 + |ah|^n]^m}(h < 0) \qquad (3.3-2)$$

$$\theta_h = \theta_s(h \geqslant 0) \qquad (3.3-3)$$

$$K_h = K_s S_e^1 [1 - (1 - S_e^{lm})^m]^2 \qquad (3.3-4)$$

$$S_e = \frac{\theta - \theta_r}{\theta_s - \theta} r^9, m = l - \frac{1}{n}, n > 1 \qquad (3.3-5)$$

式中：θ_s、θ_r 为土壤饱和含水率和残余含水率，cm^3/m^3；K_s 为土壤饱和导水率，cm/min；l 为孔隙连通性参数，本次模拟取值 0.5；a、n、m 为拟合经验参数。

2. 滴灌交汇入渗硝态氮迁移方程

硝态氮随水分运移的基本方程用对流弥散方程表示为

$$\frac{\partial \theta}{\partial t} = \frac{\partial}{\partial r}\left(\theta D_{rr} \frac{\partial C}{\partial r} + \theta D_{rz} \frac{\partial C}{\partial y}\right) + \frac{1}{r}\left(\theta D_{rr} \frac{\partial C}{\partial r} + \theta D_{rz} \frac{\partial C}{\partial z}\right) + \frac{\partial}{\partial z}\left(\theta D_{zz} \frac{\partial C}{\partial r} + \theta D_{rz} \frac{\partial C}{\partial z}\right)$$

$$- \left(\frac{\partial q_r C}{\partial r} + \frac{q_r C}{r} + \frac{\partial q_z C}{\partial z}\right) + Q_l \qquad (3.3-6)$$

其中

$$\theta D_{zz} = D_L \frac{q_z^2}{|q|} D_r \frac{q_r^2}{|q|} + \theta D_w \tau \qquad (3.3-7)$$

$$\theta D_{rr} = D_L \frac{q_r^2}{|q|} D_r \frac{q_z^2}{|q|} + \theta D_w \tau \qquad (3.3-8)$$

$$\theta D_{rz} = (D_L - D_r)\frac{q_r q_z}{q} \qquad (3.3-9)$$

式中：C 为土壤水中硝态氮的质量浓度，mg/L；q_r 为水平方向上的土壤水分通量；q_z 为垂向上的土壤水分通量；Q_l 为源汇项，主要指氮素各形态之间的转化作用（如硝化作用、反硝化作用以及矿化作用等）引起的溶质的量的变化，本研究入渗试验历时较短，所以不考虑氮素转化作用，该项为 0；D_{rr}、D_{zz}、D_{rz} 为水动力弥散系数张量的分量；q 为土壤水通量的绝对值；D_L、D_T 为溶质的纵向和横向弥散度；D_w 为自由水中的分子扩散系数；T 为溶质的弯曲系数，通常表示为土壤体积含水率的函数。

3.3.1.2　模型区域以及边界条件和初始条件

以试验土箱尺寸为基础建立几何模型，建模区域如图 3.3-1 所示，表面为自由入渗边界，下边界为自由

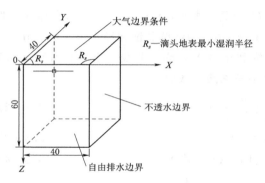

图 3.3-1　模型求解区域示意图

排水边界，侧面为不透水边界。Hydrus-3D 不能描述移动的水分边界，但可以模拟边界条件随时间变化的过程，因此在试验过程中测定滴头下方积水区域及水头高度。Hydrus-3D 可以输入不同时间段的水头值，在试验过程中记录水头的变化及对应的时间段，概化为同一时间段水头相同。依据上述研究结果表明红壤多点源交汇试验不同间距不同流量，试验开始后积水区域发生很大变化，其区域半径和水头高度采用游标卡尺测量并记录。试验发现除了间距为 20cm 的试验，其他间距下积水区域在入渗后 100min 内基本维持在一个稳定的状态，所以在模拟过程中不考虑其范围的变化，只输入最终的范围值，设定饱和区半径为定值 R_s。

（1）边界条件试验过程中无表面蒸发，则水分运移的上边界条件可以表示为

$$h = l \qquad 0 < l < L, z = Z, 0 \leqslant t \qquad (3.3-10)$$

$$-k(h)\frac{\partial h}{\partial z} - k(h) = 0 \qquad R_s < x < X, Z = z, 0 \leqslant t \qquad (3.3-11)$$

本次模拟输入边界条件中水头随时间的变化个数为 5，按照变化的时间，在各段时间上输入相应的水头值。由于滴头周围有积水产生，因此溶质运移的上边界条件采用一类边界条件

$$C(x,y,z)=C_a \qquad 0 \leqslant x \leqslant R_s, Z, 0 < t \qquad (3.3-12)$$

式中：C_a 为溶液硝态氮浓度，mg/L。

$$-k(h)\frac{\partial h}{\partial z}=0 \qquad z=0, z=Z, 0 \leqslant z \leqslant Z, 0 < t \qquad (3.3-13)$$

侧面为不透水边界

$$-k(h)\frac{\partial h}{\partial z}=0 \qquad z=0, z=Z, 0 \leqslant z \leqslant Z, 0 < t \qquad (3.3-14)$$

下边界为自由排水边界

$$\frac{\partial h}{\partial z}=0 \qquad z=0, 0 \leqslant z \leqslant Z, 0 < t \qquad (3.3-15)$$

$$\theta D_{rr}\frac{\partial C}{\partial z}=0 \qquad z=0, 0 \leqslant z \leqslant Z, 0 < t \qquad (3.3-16)$$

（2）初始条件

初始条件假定土壤含水率和硝态氮浓度在研究区域内分布均匀，则可表示为

$$\theta(x,y,z)=\theta_0 \qquad 0 \leqslant x \leqslant X, 0 \leqslant y \leqslant Y, 0 \leqslant z \leqslant Z; t=0 \qquad (3.3-17)$$

$$\theta(x,y,z)=C_0 \qquad 0 \leqslant x \leqslant X, 0 \leqslant y \leqslant Y, 0 \leqslant z \leqslant Z; t=0 \qquad (3.3-18)$$

式中：θ_0 为土壤初始含水率，m/m^3；C_0 为土壤初始硝态氮浓度，mg/L；X、Y、Z 为模拟区域边界（装置物理边界）在径向和垂直方向的坐标。

3.3.2 水肥运移三维模型

3.3.2.1 土壤水力学参数

试验 Van-Genuchten 模型参数见表 3.3-1。

表 3.3-1　　　　　　　　试验 Van-Genuchten 模型参数

参数	容重 /(g/cm³)	残余土壤含水量 θ_r /(cm³/cm³)	饱和土壤含水率 θ_s /(cm³/cm³)	进气吸力相关参数 α /(1/cm)	形状系数 n	土壤饱和导水率 K_s /(cm/min)
数值	1.37	0.0433	0.476	0.025	1.322	0.00522

3.3.2.2 溶质运移参数

在 Hydrus-3D 所建模型中硝态氮运移采用标准的一阶动力学线性非吸附模型，即吸附浓度随时间变化。时间权重方案从解的精度方面考虑采用隐式，空间权重方案采用伽辽金有限元法，溶质单位为 mg/L。浓度脉冲持续时间设定为 1000min，弯曲系数取 1。硝态氮溶质对流弥散结合本章结果采用对流弥散系数计算，计算得到纵向弥散度 D_r（取 0.3221），横向弥散度 D_z（取 0.0885）。平衡吸附为完全物理吸附且均发生在可动区，溶质的分子扩散系数

D_w 取 $0.015\mathrm{cm/min}$。试验过程较短，取样测定溶质浓度，所以不考虑硝化反硝化作用。

3.3.3　模拟结果分析

结合试验设计，采用建立的 Hydrus – 3D 模型分别模拟不同间距下流量为 $2.1\mathrm{mL/min}$ 的湿润锋推移过程、土壤含水率分布以硝态氮浓度分布状况。试验及模型模拟结果如图 3.3 – 2 和图 3.3 – 3 所示。Hydrus – 3D 水分运移的过程通过颜色变化进行区分，湿润锋的推移可以直接在模型上测得，含水率和硝态氮的分布则通过插入到模型中的观测点获得。Hydrus – 3D 可以模拟观测点上不同时间的含水率和硝态氮的变化值，但在实测过程中只能用 TDR 测定相应位置处不同时间点含水率的变化，而硝态氮变化值则不能实时测定，所以只对硝态氮含量在不同位置处的分布进行模拟。

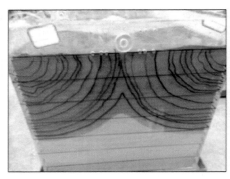
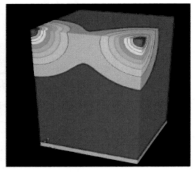

（a）实测照片　　　　　　　　　　　　　　（b）模拟图示

图 3.3 – 2　多点源交汇入渗湿润锋运移图示

通过 Hydrus – 3D 模型，按照试验设计建立 5 个不同间距的土箱模型，输入对应的边界条件和初始条件后运行软件，观测湿润锋的推移过程。Hydrus – 3D 能够模拟出不同时间点上的湿润锋推进状况。湿润锋随时间的变化模拟与实测值如图 3.3 – 3。由图 3.3 – 3 可知，5 个不同间距流量下的湿润锋推移模拟与实测值通过显著性检验后，差异不显著。模型平均相对误差分别为 9.5%、9.2%、9.0%、8.9%、8.6%，效率 NSE 均在 0.85 以上；说明模型能够很好地模拟红壤多点源滴灌交汇入渗湿润锋的变化过程。滴头间距为 20cm 时，模拟值与实测值的偏差较大，与该间距下地表积水范围较大而引起入渗方式的改变有关。滴头间距扩大时，湿润锋的模拟与实测值误差减小，尤其是滴头间距为 60cm 时，由于湿润锋没有发生交汇，为单点源入渗，湿润锋推移不受到影响，所以模拟精度最好。由图 3.3 – 3 可见，相比于实测值湿润锋变化有

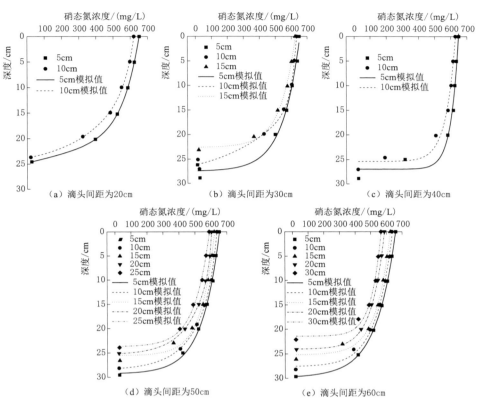

图 3.3-3　硝态氮模拟与实测值对比图

（注：图中 5cm、10cm、15cm、20cm、25cm、30cm 分别代表水平距离滴头值）

凹凸现象，同一入渗时刻模拟值的湿润锋更为光滑。Hydrus-3D 模型的模拟精度不仅与相关参数的准确性有关，还与单元网格的划分有关，网格划分得越精细，解的精度越好，只是在模型运算时需要花费的时间更长。模型在模拟时并不考虑边壁滞后效应，所以模拟湿润锋的推移均为理想情况下的；实际试验中，土壤装填的均匀性、边壁效应等都是影响模拟的因素，在应用模拟结果预测生产中湿润锋的推移时，需要考虑实际情况。

3.4　多点源滴灌适宜参数

针对室内多点源滴灌交汇入渗试验，设计了不同间距下流量的变化对湿润锋推移、含水率以及硝态氮分布的影响试验，旨在分析得出在设定边界条件和初始条件下适合于红壤的多点源滴灌设计参数。

从试验结果分析可知，在容重、流量相同的条件下，滴头间距越小地表越容易积水并形成径流。当滴头间距为 20cm、流量为 8.4mL/min 时，土壤表面形成水层，试验从点源入渗变为垂直一维积水入渗，而且在实际生产中也会因此而产生径流，滴灌变为漫灌，造成水肥浪费，所以该间距不适合于红壤滴灌滴头间距设计。间距为 60cm 时，3 个设计流量下湿润体均未发生交汇，滴灌时会出现湿润"真空"带，影响作物根系吸水，其他 3 个间距的湿润体均发生了交汇且没有出现积水形成地表径流的现象。间距为 50cm、流量为 2.1mL/min 和 4.2mL/min 时交汇需要滴灌的时间较长，流量为 8.4mL/min 时，滴头流量过大，水分溶质来不及入渗到土体内，尤其在试验后期，土壤的入渗率维持在较低的范围，所以地表积水严重。当流量为 8.4mL/min 时，滴头间距为 30cm 和 40cm 的试验也出现这种现象，所以根据室内试验结果间距为 50cm 不适合于红壤滴灌。当滴头间距相同流量为 8.4mL/min 时，较大流量下积水严重，水分溶质来不及入渗，滴头下方积水严重，所以这种流量不适合于红壤滴灌。对于间距为 30cm 和 40cm 流量为 2.1mL/min，交汇过程时间较长，耗费的能量较多，且湿润体内的水分溶质分布不均匀，所以该流量也不适合红壤滴灌。当滴头间距为 30cm、流量为 4.2mL/min 时，湿润体的湿润范围以及湿润体内含水率和溶质含量均小于间距为 40cm。综合分析在室内多点源滴灌试验，结果表明在容重为 1.37g/cm^3 的条件下，间距为 40cm、流量为 4.2mL/min 较为合适。

3.5　本章小结

本章通过室内单点源和多点源滴灌交汇入渗试验，研究了不同容重下湿润锋推移及交汇过程。同时研究了容重为 1.37g/cm^3 时，不同间距不同流量对交汇入渗湿润锋推移、含水率和硝态氮分布的影响。通过 Hydrus-3D 建立了点源滴灌交汇入渗模型，确定了边界条件和初始条件，对模型相关参数进行了率定；对试验进行了模拟，将模拟值与实测值进行了对比分析，评价了模型精度，以期为红壤多点源滴灌参数的选取和数值模拟提供参考，并为田间试验的设计和开展提供依据。具体结论如下：

（1）单点源滴灌入渗结束后，湿润体在不同红壤容重下呈现椭球状，红壤容重对湿润锋的推移过程及湿润体的形状有较大的影响，容重越大湿润锋推移速度越慢，湿润体在水平方向的推移范围大于垂直方向，湿润体呈现扁平状。建立了单点源滴灌湿润体与容重和入渗时间的回归模型，决定系数在 0.95 以上。

（2）相同容重和流量下，滴头间距对湿润锋推移、含水率和硝态氮分布有较强的影响。多点源滴灌湿润锋的交汇时间与滴头间距相关，滴头间距越小交汇时间越短，其大小顺序依次为：20cm、30cm、40cm、50cm。滴头间距为60cm时在试验过程中没有发生交汇，对于蜜橘作物根系附近湿润带的形成不利。

（3）其他影响因素相同的情况下，流量越大湿润锋的交汇时间越短，而流量为8.4mL/min时，对小间距滴灌设计不利于水分溶质的入渗，容易形成地表径流，造成水肥流失。流量为2.1mL/min时，交汇时间较长，能源消耗严重。通过试验数据，建立了湿润锋交汇时间与流量和间距的回归模型，相关性很高。不同间距和流量下的湿润锋水平和垂直推移速度在入渗开始后的前50min内较快，后期趋于平缓，流量越大湿润锋推移越远，且同一条件下湿润锋在水平方向的推移距离大于垂直方向。

（4）湿润体内的含水率和硝态氮含量受到流量和间距的多重影响，同一间距时流量越小，距离滴头越远含水率和硝态氮则越低。流量为8.4mL/min、滴头间距较小时，地表10cm范围内的土壤含水率和硝态氮含量较高，且地表土壤达到饱和或过饱和状态。流量较大时，有利于湿润体范围内水分溶质含量的均匀分配，但影响入渗过程。综合分析认为，室内试验容重为$1.37g/cm^3$时，滴头间距取为40cm、滴头流量取为4.2mL/min最适宜于红壤的滴灌设计。

（5）Hydrus-3D模型能够很好地模拟红壤多点源交汇入渗湿润锋的推移过程、含水率及硝态氮分布，模拟值与3个指标实测值的平均相对误差分别为9.5%、11.5%、9.8%，模型效率系数NSE均在0.85以上。Hydrus模型的模拟精度较高，可用于对多点源红壤滴灌的模拟，在模拟过程中，模型要考虑到试验过程中土壤的装填质量和地表积水状况。

第4章
微灌技术对蜜橘生长的影响

微灌技术作为一种先进的灌溉方式，在现代农业中得到了广泛应用。其对比传统灌溉方式具有节水、节能、提高水肥利用效率等诸多优势，对于蜜橘的生长发育、产量及品质等具有显著的良好影响。本章研究对比了滴灌、涌泉灌、微润灌和透水混凝土等4种先进的灌溉技术在蜜橘生产实践中的应用效果，通过系统地探讨微灌技术对蜜橘生长、产量和品质的影响，为微灌技术提供科学依据和技术支撑，推动微灌技术在蜜橘生产中的应用与推广。

试验主要研究在滴灌条件下，不同灌水量对土壤水分状况以及果树产量品质的影响。因此试验设置3个不同灌水量为变量的试验组；在阳光养分充足，果树生长状况良好且基本一致的条件下，以田间持水量为参考，设置3组的土壤含水量上下限分别为H1（56%～70%）$\theta_{田}$、H2（56%～80%）$\theta_{田}$ 和H3（56%～90%）$\theta_{田}$，根据该水分水平实施相应的灌水量。根据当地灌区资料以及室内分析数据可知，南丰基地大田试验区为红壤砂质壤土，根系计划湿润层为60cm，采用烘干法测得土壤饱和含水率为36.76%，田间持水量为26.8%。同时，根据《微灌工程技术规范》（GB/T 50485—2009），南丰基地大田试验区土壤设计湿润比取值为0.3；由于缺乏当地实测气象资料，按照有压管道灌溉条件，取灌溉水利用系数为0.9。红壤容易发生季节性干旱，且当地的灌溉方式为局部灌溉，导致作物需水量在夏秋季显著增加。因此，耗水强度取上限值，即为5mm/d。

据《微灌工程技术规范》（GB/T 50485—2009），对各试验组进行周期性灌水，单棵蜜橘果树的灌水定额公式为

$$m = 0.1\gamma ZPS(\theta_{max} - \theta_{min})/\eta \qquad (4.0-1)$$

式中：m 为灌水定额，mm；γ 为土壤容重，g/cm³；Z 为土壤计划湿润层深度，取0.6m；P 为湿润比，取0.3；S 为单株蜜橘果树计算面积，m²；θ_{max}、θ_{min} 分别为土壤含水量上限和下限，m³/m³；η 为灌溉水利用系数，取0.9。

根据灌水定额和耗水强度可确定灌水周期公式为

$$T = m\eta/e \qquad (4.0-2)$$

式中：T 为设计灌水周期，d；m 为设计灌水定额，mm；e 为最大日平均需

水强度，mm/d，取 5.0mm/d；η 为灌溉水利用系数，滴灌取 0.90。

各组灌水量及灌水周期详见表 4.0-1。

表 4.0-1　　　　　各试验组灌水量及灌水周期计算结果表

试验组	含水率上下限	土壤湿润比	灌溉水利用系数	灌水定额/mm	设计耗水强度/(mm/d)	设计灌水周期/d
H1	(56%~70%)$\theta_{田}$			10.06		1.81
H2	(56%~80%)$\theta_{田}$	0.3	0.9	17.24	5	3.10
H3	(56%~90%)$\theta_{田}$			24.42		4.40

根据《微灌工程技术规范》（GB/T 50485—2009），对蜜橘果树滴灌 3 组灌水技术大田试验区进行一次灌水延续时间计算，可得式（4.0-3）和式（4.0-4）：

$$t = \frac{mS_eS_L}{q_d} \qquad (4.0-3)$$

$$t = \frac{mS_rS_t}{n_sq_d} \qquad (4.0-4)$$

式中：m 为灌水定额，L；t 为一次延续灌水时间，h；S_e 为灌水器间距，即滴灌区果树间距，m；S_L 为支管间距，即滴灌区果树行距，m；S_r 为果树行间距，测量南丰基地大田试验区蜜橘果树均值为 4.5m；S_t 为果树株距，测量均值为 5.0m；n_s 为单株果树灌水器个数，个；q_d 为灌水器设计流量，滴灌为 8.0L/h。

各试验组一次灌水周期见表 4.0-2。

表 4.0-2　　　　　　各试验组一次灌水周期表

灌溉技术	各组灌水处理	行距 S_1/m	株距 S_2/m	灌水定额/mm	灌水器数量 n_s	灌水器流量/(L/h)	灌水延续时间/h	灌水延续时间/d
	H1	4.5	5	10.06	1	8	28.28	1.18
滴灌	H2	4.5	5	17.24	1	8	48.48	2.02
	H3	4.5	5	24.42	1	8	68.68	2.86

4.1　滴灌技术对蜜橘生长、产量、品质的影响

4.1.1　土壤含水率分析

如图 4.1-1 所示，低水组、中水组和高水组的土壤含水量随着土壤深度

的变化呈先上升后下降再上升的趋势。土壤在深度 0～40cm 含水率保持不断增加的现象。其原因是：在表层 0～10cm 时，土层由于接近大气，蒸发主要发生在表层土壤，此时，土壤受蒸发的影响远大于作物根系吸水以及土壤渗漏损失的作用；在深度 40cm 时土壤含水率达到峰值，是由于此层的土壤远离大气表面，基本无法受到蒸发作用的影响，没有达到渗漏损失的土壤深处；且因灌水器流量正好满足使 40cm 土壤含水率较高的条件。在深度 40～60cm 时，土壤颗粒分布极不均匀，很容易造成渗漏；果树主根深度为 50～60cm，其生长发育需要消耗大量的水资源，从而导致土壤含水量下降显著。在深度 70～90cm 时，由于重力势、基质势和压力势的共同作用，毛管水、重力水等向下入渗，从而小幅度提高了土壤含水率。试验选取果实膨大期，在 3 组灌水完成之后，对其土壤水分分布特征及其运移规律进行深入研究，制定合理的灌溉制度，同时确定最有利于节水的灌水量。

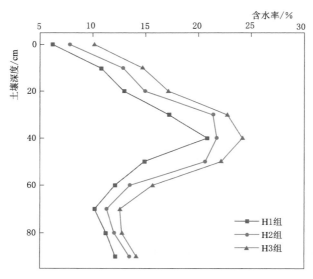

图 4.1-1　滴灌土壤含水率变化情况

4.1.2　不同灌水量对果树枝条的影响

4.1.2.1　果树枝条变化

果树枝条的变化情况直接反映果树的生长态势。夏季大田气温较高，为果树枝梢的光合作用及生长发育提供了良好的气候环境。因此，枝条长度在 6—8 月的增长速率显著提高；随着果实不断定形和膨大，需要消耗更多的营养物质，导致枝条在后期生长速率逐渐缓慢，在果实膨大期后期枝条生长速率变化很小。至 10 月以后，果实逐步由膨大期向成熟期过渡，枝条几乎停止

生长，长度基本无明显变化，如图 4.1-2、图 4.1-3 和表 4.1-1、表 4.1-2
所示。

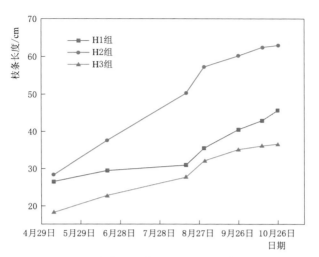

图 4.1-2 2021 年滴灌不同灌水量试验组枝条长度生长曲线图

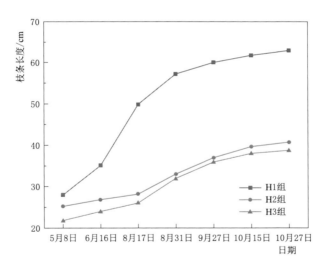

图 4.1-3 2022 年滴灌不同灌水量试验组枝条长度生长曲线图

表 4.1-1　　　　2021 年滴灌不同灌水量枝条长度情况变化表

试验日期	试验组	枝长/cm			
5 月 8 日	H1	35	24	26	—
	H2	36	18	—	—
	H3	10	9	—	36

试验日期	试验组	枝长/cm			
6月16日	H1	40	36	37	—
	H2	32	21	—	—
	H3	15	15	—	39
8月17日	H1	52	46	53	—
	H2	36	26	—	—
	H3	23	18	—	43
8月31日	H1	58	54	60	—
	H2	40	31	—	—
	H3	24	23	—	50
9月27日	H1	60	57	64	—
	H2	46	35	—	—
	H3	27	26	—	53
10月15日	H1	62	59	66	—
	H2	49	37	—	—
	H3	29	27	—	53
10月27日	H1	62.7	59.2	66.8	—
	H2	52	39.2	—	—
	H3	29.5	27.2	—	53.7

注　表中—代表该日数据缺测。

表 4.1－2　2022 年滴灌不同灌水量枝条长度情况变化表

试验日期	试验组	枝长/cm			
5月8日	H1	34	22	24	—
	H2	35	17	—	—
	H3	11	11	—	36
6月16日	H1	39	39	36	—
	H2	28	24	—	—
	H3	16	16	—	40
8月17日	H1	47	48	51	—
	H2	34	26	—	—
	H3	26	21	—	45
8月31日	H1	55	55	61	—
	H2	43	34	—	—
	H3	28	24	—	49

试验日期	试验组	枝长/cm			
9月27日	H1	60	60	63	—
	H2	46	37	—	—
	H3	28	28	—	52
10月15日	H1	63	59	64	—
	H2	47	37	—	—
	H3	30	27	—	55
10月27日	H1	64	59	64	—
	H2	50	39	—	—
	H3	30	27	—	55

2021年，在处于果实膨大期中期的8月17—31日，3组的枝条长度增长速率均达到了峰值，分别为H1组4.76mm/d、H2组3.21mm/d、H3组3.10mm/d，如图4.1-4所示。2022年，在处于果实膨大期中期的8月17—31日，3组的枝条长度增长速率也均达到了峰值，分别为H1组4.78mm/d、H2组3.56mm/d、H3组3.25mm/d，如图4.1-5所示。

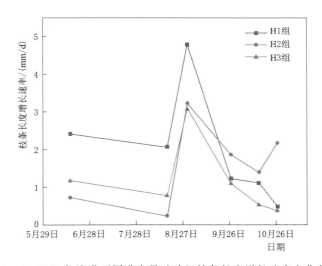

图4.1-4　2021年滴灌不同灌水量试验组枝条长度增长速率变化曲线图

由此可见，H1组的果树在峰值上枝条长度生长上明显优于其余两组（图4.1-6、图4.1-7）。对枝条长度总增长速率进行对比（选取枝条的平均增长值），结果为，2021年，H1组总增长量为34.57mm，总增长速率为2.01mm/d；H2组总增长量为18.85mm，总增长速率为1.1mm/d；H3组总增长量为

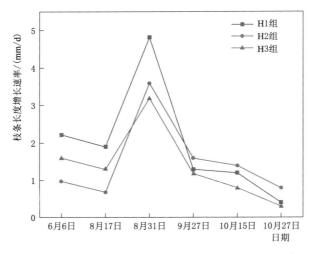

图 4.1-5　2022 年滴灌不同灌水量试验组枝条长度增长速率变化曲线图

18.40mm，总增长速率为 1.07mm/d。2022 年，H1 组总增长量为 33.92mm，总增长速率为 1.95mm/d；H2 组总增长量为 19.20mm，总增长速率为 1.12mm/d；H3 组总增长量为 18.05mm，总增长速率为 1.02mm/d。因此，与其他试验组相比，H1 组更适合蜜橘生长。

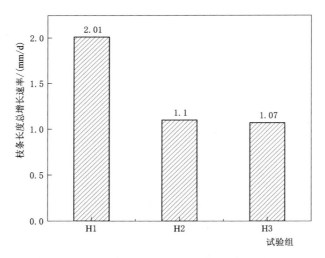

图 4.1-6　2021 年滴灌不同灌水量试验组枝条长度总增长速率

对于 3 组枝径的变化，整个试验周期基本上呈现缓慢变粗的现象，但是不同灌水量对枝径变化仍有细微影响。与枝条生长过程相一致，枝条直径变粗的速率经历了"先变快，后趋于缓慢的过程"。从试验初期至果实膨大期中

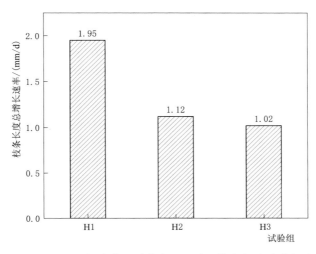

图 4.1-7 2022 年滴灌不同灌水量试验组枝条长度总增长速率

期的 8 月 31 日左右，增长速率缓慢上升；在果实膨大期后期至果实成熟期之间，枝径几乎无明显变化，直至停止增长，如表 4.1-3、表 4.1-4 和图 4.1-8～图 4.1-11 所示。由图 4.1-8～图 4.1-11 可见，2021 年 3 组枝径增长速率均在 8 月 17—31 日达到最大值，分别为 H1 组 0.052mm/d，H2 组 0.091mm/d，H3 组 0.044mm/d；2022 年 3 组枝径增长速率均在 8 月 17 日—31 日达到最大值，分别为 H1 组 0.058mm/d、H2 组 0.089mm/d、H3 组 0.050mm/d；H2 组在枝径增长速率的峰值上明显高于其余 2 组。同时，对比总生长情况：2021 年，H1 组枝径总增长为 3.3mm，总增长速率为 0.019mm/d；H2 组枝径总增长量为 2.95mm，总增长速率为 0.017mm/d；H3 组的总增量为 1.73mm，总增长速率为 0.01mm/d，如图 4.1-12 所示。2022 年，H1 组枝径总增长为 3.5mm，总增长速率为 0.019mm/d；H2 组枝径总增长量为 2.86mm，总增长速率为 0.017mm/d；H3 组的总增量为 1.75mm，总增长速率为 0.010mm/d，如图 4.1-13 所示。因此，在总增长情况上，H1 组＞H2 组＞H3 组。综合来看，H2 灌水量处理的试验组对于枝径生长具有最积极的促进作用。

表 4.1-3　　　2021 年滴灌不同灌水量试验组枝径变化情况

试验日期	试验组	枝径/mm			
5 月 8 日	H1	4.2	3.6	3.1	—
	H2	3.5	2.7	—	—
	H3	2.7	2.3		2.9

续表

试验日期	试验组	枝径/mm			
6 月 16 日	H1	4.6	4	3.7	—
	H2	3.6	3.1	—	—
	H3	3	2.5	—	3.2
8 月 17 日	H1	6.3	6.7	4.4	—
	H2	3.9	4.2	—	—
	H3	3.3	2.7	—	3.9
8 月 31 日	H1	6.9	7.2	5.4	—
	H2	4.6	6	—	—
	H3	4.1	3.1	—	4.5
9 月 27 日	H1	7	7.4	5.9	—
	H2	5.1	6.4	—	—
	H3	4.3	3.5	—	4.5
10 月 15 日	H1	7	7.5	5.9	—
	H2	5.2	6.6	—	—
	H3	4.4	3.6	—	4.5
10 月 27 日	H1	7.1	7.8	5.9	—
	H2	5.3	6.8	—	—
	H3	4.6	3.7	—	4.8

表 4.1－4　　2022 年滴灌不同灌水量试验组枝径变化情况

试验日期	试验组	枝径/mm			
5 月 8 日	H1	4.3	3.5	3.2	—
	H2	3.3	2.9	—	—
	H3	2.9	2.5	—	2.9
6 月 16 日	H1	4.5	4.3	3.5	—
	H2	3.5	3.2	—	—
	H3	3.2	2.7	—	3.2
8 月 17 日	H1	6.5	6.5	4.6	—
	H2	4.0	4.1	—	—
	H3	3.4	2.9	—	3.9
8 月 31 日	H1	7.0	7.3	5.5	—
	H2	4.8	5.4	—	—
	H3	4.4	3.5	—	4.3

续表

试验日期	试验组	枝径/mm			
9 月 27 日	H1	7.1	7.4	6.0	—
	H2	5.2	6.5	—	—
	H3	4.5	3.6	—	4.4
10 月 15 日	H1	7.4	7.5	6.1	—
	H2	5.5	6.5	—	—
	H3	4.5	3.7	—	4.5
10 月 27 日	H1	7.1	7.8	6.1	—
	H2	5.3	6.8	—	—
	H3	4.6	3.7	—	4.6

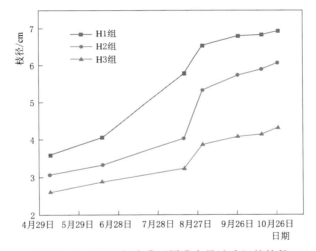

图 4.1-8　2021 年滴灌不同灌水量试验组的枝径

4.1.2.2　果实大小变化

果实大小通过对果径的衡量进行判断。蜜橘果径包括横径和纵径，从果实落果期开始，果实开始生长，并在该时期后期至果实膨大期中期，果实的纵径和横径增长率都处于快速上升的状态，并在该阶段达到峰值；进入 9 月，即膨大后期，果实生长速率逐渐变缓，大小逐渐稳定；进入成熟期，由于果实营养物质积累过程基本完毕，果形变化逐渐稳定，因此，果实大小增长速率继续稳定下降。

果实横径一般长于果实纵径。从表 4.1-5、表 4.1-6 和图 4.1-14、图 4.1-15 可看出，3 个试验组的果实纵径增长速率最大值均出现在 8 月 17 日—8 月 31 日之间。2021 年 3 组横径的增长速率峰值分别为 H1 组 0.41mm/d、H2 组

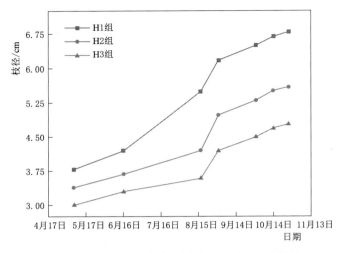

图 4.1 - 9　2022 年滴灌不同灌水量试验组的枝径

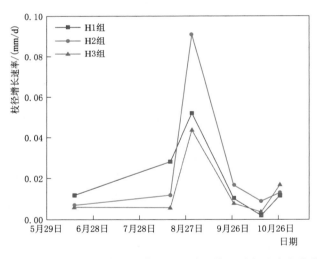

图 4.1 - 10　2021 年滴灌不同灌水量试验组枝径增长速率变化曲线

0.39mm/d、H3 组 0.37mm/d；2022 年 3 组横径的增长速率峰值分别为 H1 组 0.38mm/d、H2 组 0.37mm/d、H3 组 0.35mm/d，3 组的增长速率峰值相差较不明显。到成熟期，对各试验组果实的横径进行测量可知，2021 年 3 组平均果实横径分别为 H1 组 43.8mm、H2 组 47.47mm、H3 组 45.56mm；2022 年 3 组平均果实横径分别为 H1 组 39.73mm、H2 组 43.40mm、H3 组 39.90mm。同时，计算 3 组在试验周期的横径总增长速率，2021 年 3 组的增长速率分别为 H1 组 0.219mm/d、H2 组 0.237mm/d、H3 组 0.223mm/d；2022 年 3 组的增长速率分别为 H1 组 0.25mm/d、H2 组 0.22mm/d、H3 组 0.23mm/d，如图

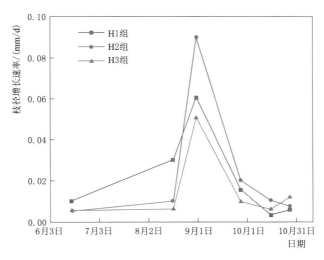

图 4.1-11　2022 年滴灌不同灌水量试验组枝径增长速率变化曲线

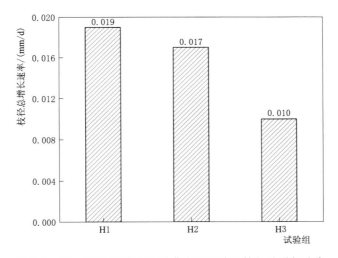

图 4.1-12　2021 年滴灌不同灌水量试验组枝径总增长速率

4.1-16 和图 4.1-17 所示。可知 H2 组的增长速率略大于 H1 组和 H3 组。因此，H2 组对于横径的增长效果要好于 H1 组和 H3 组。

　　果实纵径的变化情况与横径较为相似。从表 4.1-7、表 4.1-8 和图 4.1-18、图 4.1-19 数据可知，3 组的果实纵径增长速率最大值均出现在 8 月 17—31 日，2021 年分别为 H1 组 0.48mm/d、H2 组 0.34mm/d、H3 组 0.38mm/d，2022 年分别为 H1 组 0.43mm/d、H2 组 0.33mm/d、H3 组 0.35mm/d。成熟期后，各组果实纵径进行测量，得到 3 组 2021 年平均果实

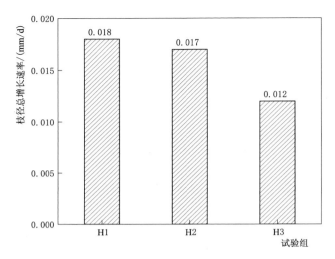

图 4.1－13　2022 年滴灌不同灌水量试验组枝径总增长速率

表 4.1－5　　　　　　　　2021 年滴灌不同灌水量果实横径情况

试验日期	试验组	横径/mm		
5 月 8 日	H1	5.8	6.7	6.1
	H2	5.5	6.8	7.6
	H3	8.6	7.5	5.4
6 月 16 日	H1	14.5	12	17.2
	H2	12.1	15.6	15.9
	H3	13.1	15	14.5
8 月 17 日	H1	33.62	29.49	30.47
	H2	36.53	35.76	37.87
	H3	30.67	30.35	31.03
8 月 31 日	H1	36.73	33.56	34.86
	H2	40.8	37.12	38.98
	H3	36.63	35.9	35.23
9 月 27 日	H1	37.45	35.66	35.1
	H2	41.8	41.56	40.08
	H3	37.63	36.2	37.99
10 月 15 日	H1	42.1	38.3	39.7
	H2	39.53	43.32	41.35
	H3	42.77	40.84	41.9

试验日期	试验组	横径/mm		
10月27日	H1	43.9	42.23	42.95
	H2	43.2	47.78	42.87
	H3	44.83	44.62	42.15

表 4.1-6　　2022 年滴灌不同灌水量果实横径情况

试验日期	试验组	横径/mm		
5月8日	H1	6.0	6.5	6.3
	H2	5.4	6.7	8.1
	H3	8.5	7.6	5.0
6月16日	H1	15.1	11.8	16.8
	H2	12.3	15.3	16.6
	H3	14.2	14.6	15.1
8月17日	H1	34.1	29.1	30.5
	H2	36.8	36.2	37.4
	H3	30.9	30.0	31.0
8月31日	H1	36.6	33.8	34.5
	H2	41.0	37.1	39.1
	H3	36.7	36.2	35.3
9月27日	H1	37.8	35.8	34.6
	H2	42.0	41.8	40.2
	H3	37.8	36.5	36.6
10月15日	H1	38.6	38.5	39.2
	H2	42.5	43.1	41.8
	H3	38.2	39.8	37.9
10月27日	H1	39.1	39.3	40.8
	H2	42.8	44.2	43.2
	H3	38.5	41.6	39.6

纵径分别为 H1 组 39.39mm、H2 组 39.88mm、H3 组 38.03mm；2022 年平均果实纵径分别为 H1 组 35.80mm、H2 组 38.30mm、H3 组 34.90mm。3 试验组纵径总增长速率分别为 H1 组 0.196mm/d、H2 组 0.195mm/d、H3 组 0.183mm/d，如图 4.1-20、图 4.1-21 所示。

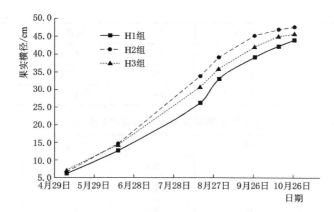

图 4.1-14 2021 年滴灌不同灌水量试验组果实横径生长曲线

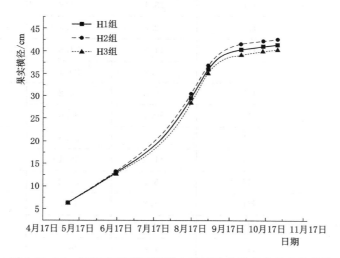

图 4.1-15 2022 年滴灌不同灌水量试验组果实横径生长曲线

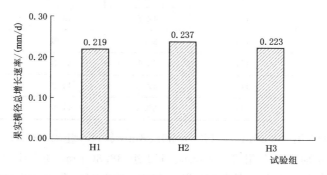

图 4.1-16 2021 年滴灌不同灌水量试验组果实横径总增长速率

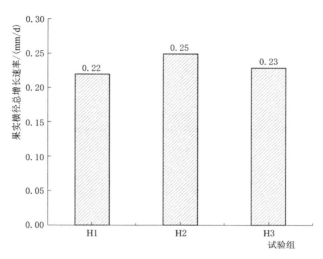

图 4.1－17　2022 年滴灌不同灌水量试验组果实横径总增长速率

表 4.1－7　　　　　2021 年滴灌不同灌水量果实纵径变化情况表

试验日期	试验组	纵径/cm		
5 月 8 日	H1	5.5	6.6	5.0
	H2	5.4	6.9	6.9
	H3	7.2	6.7	5.5
6 月 16 日	H1	14.1	11.1	15.7
	H2	11	13.2	12.9
	H3	12.6	14.8	14.5
8 月 17 日	H1	29.84	26.02	30.2
	H2	30.82	31.78	32.5
	H3	25.88	25.33	26.08
8 月 31 日	H1	32.74	29.92	34.6
	H2	34.12	33.45	34.7
	H3	32.1	32.1	32.05
9 月 27 日	H1	33.74	31.8	36
	H2	35.8	34.78	36.7
	H3	33.12	33.14	33.02
10 月 15 日	H1	37.2	35.6	38.7
	H2	37.32	35.59	35.67
	H3	34.56	34.57	35.22

续表

试验日期	试验组	纵径/cm		
10月27日	H1	38.14	37.69	38.7
	H2	39.8	38.34	39.78
	H3	35.85	36.41	37.36

表 4.1-8　　　2022年滴灌不同灌水量果实纵径变化情况表

试验日期	试验组	纵径/cm		
5月8日	H1	5.2	5.6	4.7
	H2	5.3	6.5	6.5
	H3	7.0	6.5	5.7
6月16日	H1	13.7	11.1	16.3
	H2	10.6	13.2	13.5
	H3	12.5	11.8	14.7
8月17日	H1	27.6	28.3	31.6
	H2	30.1	30.8	33.8
	H3	24.7	27.3	27.2
8月31日	H1	32.2	29.9	33.2
	H2	34.6	33.7	35.1
	H3	32.0	29.8	30.6
9月27日	H1	32.8	32.6	35.1
	H2	34.7	34.2	37.1
	H3	33.6	32.7	34.3
10月15日	H1	34.6	35.1	36.6
	H2	37.2	37.2	38.5
	H3	34.5	33.2	35.2
10月27日	H1	35.1	35.7	36.6
	H2	38.2	38.0	38.9
	H3	34.9	34.6	35.3

　　果形指数是反映果实品质的一个指标。在整个试验周期，各试验组的果形指数均呈现下降的态势。从图 4.1-22 和图 4.1-23 可知，果形指数 2021 年分别为 H1 组 0.90、H2 组 0.84、H3 组 0.83，2022 年分别为 H1 组 0.88、H2 组 0.82、H3 组 0.80，H1 组最大，H3 组略低于 H2 组。

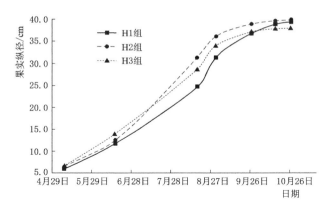

图 4.1-18 2021 年滴灌不同灌水量试验组果实纵径生长曲线

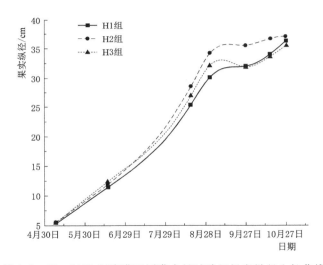

图 4.1-19 2022 年滴灌不同灌水量试验组果实纵径生长曲线

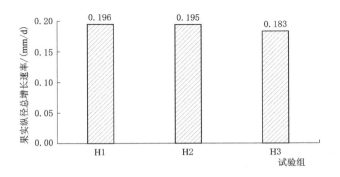

图 4.1-20 2021 年滴灌不同灌水量试验组果实纵径总增长速率

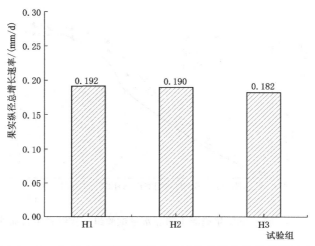

图 4.1-21　2022 年滴灌不同灌水量试验组果实纵径总增长速率

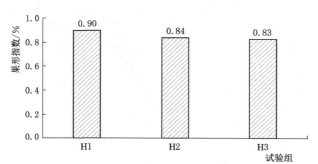

图 4.1-22　2021 年滴灌不同灌水量试验组果形指数

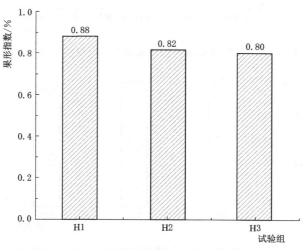

图 4.1-23　2022 年滴灌不同灌水量试验组果形指数

4.1.3 不同灌水量对蜜橘果径和体积的影响

　　为探究在不同灌水技术下，果树性状随时间推移的变化规律。选择累计试验次数为自变量，试验监测指标（枝条长度、枝径、果实大小）为应变量，拟合相关指标与试验次数之间的函数关系。通过拟合关系曲线可知，试验次数与枝条性状和果实大小均符合"$L = at^2 + bt + c$"的多项式曲线关系，其中 a，b，c 为参数；t 为试验次数；L 为相关指标。

　　根据表 4.1-9 和图 4.1-24 可知，自变量（试验次数）与应变量（枝条性状、果实大小）之间的幂函数关系拟合良好。枝条情况和果实大小之间的 R^2 值维持在 0.93 以上；同时，对于均方根误差（RMSE），各试验组枝条长度的 RMSE 均在 3 以下，枝径均在 0.35 以下，而果实大小在 1.8～3.5 之间；对于均方误差（ME），各试验组枝条长度的 ME 在 0.98～1.76 之间，枝径均在 0.2 以下，而果实大小在 1.64～2.12 之间；对于纳什系数（NSE），各试验组枝条长度的 NSE 均在 0.7 以上，枝径均在 0.68 以上，果实大小在 0.60～0.90 之间。

表 4.1-9　　　　　　　滴灌果树各项指标相关参数模型

试验组	名称	拟合公式	决定系数 (R^2)	均方根误差 (RMSE)	均方误差 (ME)	纳什系数 (NSE)
H1	枝长	$1.191t^2 + 15.73t + 13.11$	0.9914	2.1664	1.76	0.7
	枝径	$-0.1283t^2 + 1.608t + 1.92$	0.9623	0.326	0.19	0.75
	横径	$-1.095^2 + 14.78t - 7.668$	0.9637	3.2436	1.89	0.76
	纵径	$-1.093t^2 + 14.29t - 7.899$	0.9729	2.5879	1.75	0.82
H2	枝长	$0.0625t^2 + 2.823t + 23.44$	0.9844	1.1086	0.99	0.9
	枝径	$-0.05869t^2 + 1.028t + 1.849$	0.9513	0.3402	0.17	0.68
	横径	$-1.416t^2 + 17.92t - 10.68$	0.9438	2.5427	2.12	0.62
	纵径	$1.278t^2 + 15.69t - 9.08$	0.9384	2.9975	1.78	0.59
H3	枝长	$-0.5159t^2 + 7.313t + 11.1$	0.9959	0.5644	0.98	0.97
	枝径	$-0.03202t^2 + 0.5613t + 2.015$	0.9757	0.1294	0.09	0.84
	横径	$0.999t^2 + 14.32t - 6.903$	0.9699	3.0564	1.96	0.8
	纵径	$-0.9814t^2 + 13.08t - 6.189$	0.9848	1.8291	1.64	0.9

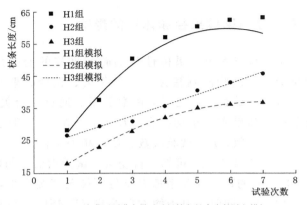

（a）滴灌不同灌水量试验组枝条长度生长过程模拟

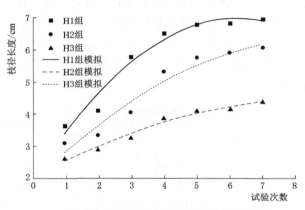

（b）滴灌不同灌水量试验组枝径长度生长过程模拟

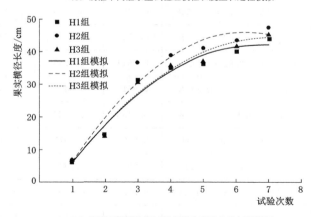

（c）滴灌不同灌水量试验组果实横径生长过程模拟

图 4.1-24（一） 滴灌果树各项指标相关参数模拟

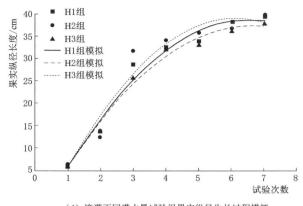

（d）滴灌不同灌水量试验组果实纵径生长过程模拟

图 4.1－24（二）　滴灌果树各项指标相关参数模拟

4.1.4　不同灌水量对蜜橘产量、品质及水分利用效率的影响

4.1.4.1　灌水量对果实产量的影响

通过对试验区域蜜橘进行采摘并称重，可得到 3 组蜜橘的产量，2021年、2022 年的蜜橘产量详见表 4.1－10 和表 4.1－11。结果表明，在相同的灌溉方式下，不同灌水定额对果实产量影响较大。2021 年 3 组的产量分别为 H1 组 33456kg/hm^2、H2 组 39652kg/hm^2、H3 组 35012kg/hm^2，平均值为 35973kg/hm^2。2022 年 3 组的产量分别为 H1 组 34726kg/hm^2、H2 组 38259kg/hm^2、H3 组 36625kg/hm^2，平均值为 36247kg/hm^2。因此，滴灌技术下 H2 组的蜜橘产量最高。

表 4.1－10　2021 年滴灌不同
灌水量各试验组果实产量

试验组	产量/(kg/hm^2)
H1	33456
H2	39652
H3	35012

表 4.1－11　2022 年滴灌不同
灌水量各试验组果实产量

试验组	产量/(kg/hm^2)
H1	34726
H2	38259
H3	36625

4.1.4.2　果实含糖量变化

在很多果树的研究中，把提高果实含糖量的积累作为提高果实品质的重要指标，而蜜橘含糖量同时也受到灌水定额的影响。从果实膨胀期中期至果实成熟期，是果实含糖量发生变化最大的时期。在该阶段，对果实的含糖情况进行连续测量与记录。根据统计可知，试验组的蜜橘含糖量均呈总体增加的趋势；而在膨大期的中后期，由于果实成熟需要消耗营养物质，导致果实含糖量暂时下降；但随着枝条和叶片等光合作用器官不断发育完善，后期果实的含糖量不断增加，最终达到峰值，见表 4.1－12、表 4.1－13 和图 4.1－25、图 4.1－26。在成熟期对各组果实的平均含糖量进行比较，如图 4.1－27、图 4.1－28 所示。2021 年 3 组最终平均含糖量分别为 16.40%、17.10% 和 15.40%，2022 年 3 组最终平均含糖量分别为 17.10%、17.80% 和 16.70%。可知 H2 组的含糖量高于 H1 组和 H3 组。

表 4.1－12　　2021 年滴灌不同灌水量试验组果实含糖量变化

试验日期	含糖量/%		
	H1 组	H2 组	H3 组
8 月 31 日	12.70	12.30	11.70
9 月 27 日	10.40	9.20	8.80
10 月 15 日	10.80	11.20	11.40
10 月 27 日	13.90	14.70	13.20
12 月 9 日	16.40	17.10	15.40

表 4.1－13　　2022 年滴灌不同灌水量试验组果实含糖量变化

试验日期	含糖量/%		
	H1 组	H2 组	H3 组
8 月 31 日	13.80	13.40	12.60
9 月 27 日	11.70	10.80	10.20
10 月 15 日	12.10	13.50	12.60
10 月 27 日	14.90	15.30	14.30
12 月 9 日	17.10	17.80	16.70

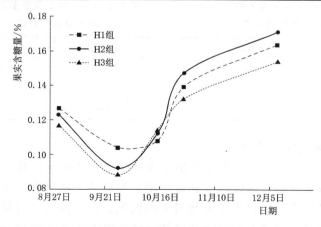

图 4.1－25　2021 年滴灌不同灌水量试验组果实含糖量变化曲线

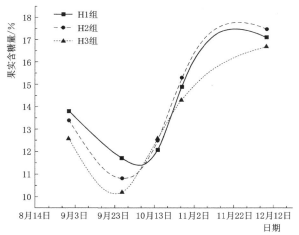

图 4.1-26 2022 年滴灌不同灌水量试验组果实含糖量变化曲线

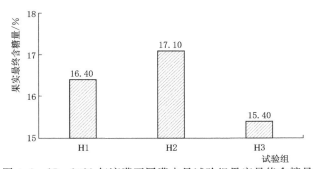

图 4.1-27 2021 年滴灌不同灌水量试验组果实最终含糖量

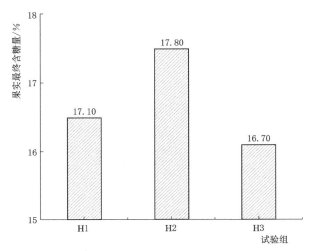

图 4.1-28 2022 年滴灌不同灌水量试验组果实最终含糖量

4.1.4.3　灌水量对水分利用系数影响

由于大田试验区水分消耗较大，用灌溉水利用效率（IWUE）来代表各组的节水效率不合适。因此，采用水分利用效率（WUE）对不同试验组的节水增产能力进行对比。根据表4.1-14、表4.1-15可知，2021年，H1组、H2组、H3组的水分利用效率分别为23.23kg/m³、23.44kg/m³、18.01kg/m³。2022年，H1组、H2组、H3组的水分利用效率分别为23.36kg/m³、23.59 kg/m³、17.78kg/m³。通过对比2021年及2022年两年的数据可知，H2组（即滴灌技术下的中水组）水分利用效率均为最高。

表 4.1-14　　2021 年滴灌不同灌水量各试验组水分利用效率

试验组	产量/(kg/hm²)	耗水量 ET/mm	水分利用效率 WUE/(kg/m³)
H1	33456	1440.05	23.23
H2	39652	1691.88	23.44
H3	35012	1943.7	18.01

表 4.1-15　　2022 年滴灌不同灌水量各试验组水分利用效率

试验组	产量/(kg/hm²)	耗水量 ET/mm	水分利用效率 WUE/(kg/m³)
H1	34726	1486.55	23.36
H2	38259	1621.83	23.59
H3	36625	2060.51	17.78

4.2　涌泉灌技术对蜜橘生长、产量、品质的影响

4.2.1　土壤含水率分析

图4.2-1显示了涌泉灌水技术在灌水后3日内，不同灌水条件下土壤计划润湿层含水率的变化规律。从图中可以看出，涌泉灌区的土壤含水率随土层的加深而呈现出先增后减的变化，涌泉根灌技术使0~20cm深度的土壤含水率迅速增大，由于灌水器深20cm，使得土壤含水率高；而在20~70cm时，土壤含水量逐渐减小；70cm以下，由于重力势作用，又出现了明显的上升；水分含量在H3试验组下最高。结果表明，浅层土壤的含水率与灌水器埋深和位置有关，中层土壤含水率与果树根系深度及根系吸水有关。

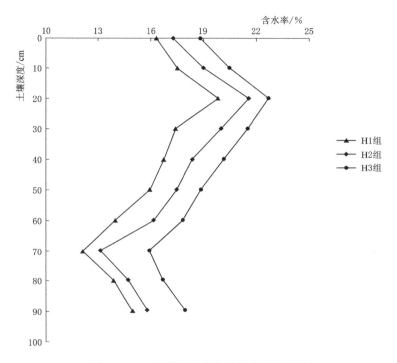

图 4.2-1　土壤体积含水率动态变化曲线

4.2.2　不同灌水量对蜜橘果树枝条的影响

蜜橘果树新梢生长期为从萌芽到开花前，这个时期蜜橘果树生长的主要性状为：新生的枝条开始迅速生长，枝条上叶片增多、变大，枝条由细变粗。因此，选定枝条生长长度和枝条直径为新梢生长期的代表性状，研究萌芽展叶期蜜橘生长状况在涌泉灌灌溉技术条件下对不同灌水量的响应。新稍发育后，各试验组选取 3 株蜜橘果树观测，在每颗果树的东、南、西、北 4 个方位分别取样，并用挂牌标记其位置，采用皮尺和数显游标卡尺分别测量新稍的长度和直径。

表 4.2-1、表 4.2-2 和图 4.2-2、图 4.2-3 表示 2021 年、2022 年涌泉灌灌溉技术在不同灌水条件下，其枝条长度和生长速率的变化规律。结果表明：各灌溉处理下的枝条生长规律基本一致，前期枝条生长差异不大，但随时间的增长，差异越来越大。在 6—8 月，蜜橘树枝条生长最迅速，但随着时间的推移而枝条生长速率下降；9 月以后，虽然有增长，但增长幅度不大；在 10 月中旬蜜橘的果实成熟期中期，枝条基本停止生长。

表 4.2 - 1　　2021 年涌泉灌不同灌水量下蜜橘树枝条长度变化

试验日期	试验组	枝长/cm				枝径/mm			
5月8日	H1	62.0	67.0	—	65.0	5.4	4.9	—	4.7
	H2	56.2	69.4	—	—	5.8	6.3	—	—
	H3	65.0	70.5	64.0	47.5	4.4	4.4	4.5	3.7
6月16日	H1	66.8	70.5	—	69.4	9.4	8.2	—	8.2
	H2	60.5	75.4	—	—	10.4	9.8	—	—
	H3	70.2	74.2	69.4	53.4	9.5	8.9	8.6	7.8
8月17日	H1	71.3	74.2	—	73.5	12.2	12.1	—	11.8
	H2	64.4	80.2	—	—	14.4	13.7	—	—
	H3	74.8	78.0	73.2	59.7	14	12.8	13.6	13.3
8月31日	H1	73.0	77.5	—	77.4	13.5	13.8	—	13.9
	H2	66.2	82.1	—	—	16.3	15.7	—	—
	H3	77.0	80.0	75.3	61.6	16.2	15.2	15.5	15.9
9月27日	H1	74.5	78.9	—	79.2	14.5	15.2	—	15.4
	H2	68.0	84.2	—	—	17.7	17.5	—	—
	H3	79.0	82.2	77.5	64.7	17.9	17.2	16.6	16.0
10月15日	H1	75.2	79.4	—	80	6.7	18.5	—	15.6
	H2	69.3	85.8	—	—	6.1	19.5	—	—
	H3	80.2	83.5	78.6	66.3	7.8	17.2	16.8	16.1
10月27日	H1	75.4	79.6	—	80.3	6.7	18.8	—	15.7
	H2	69.7	86.4	—	—	6.4	19.6	—	—
	H3	81.0	84.1	79.2	67.3	7.9	17.4	17.0	16.2

表 4.2 - 2　　2022 年涌泉灌不同灌水量下蜜橘树枝条长度变化

试验日期	试验组	枝长/cm				枝径/mm			
5月8日	H1	61.6	66.3	—	66.1	5.6	5.1	—	5.1
	H2	55.9	70.9	—	—	5.5	6.8	—	—
	H3	64.2	70.2	65.9	50.3	5.0	4.7	6.3	3.8
6月16日	H1	67.1	71.6	—	70.9	9.0	8.5	—	8.0
	H2	59.8	74.5	—	—	9.7	10.4	—	—
	H3	68.9	74.0	70.6	55.7	9.3	9.2	9.2	7.6

续表

试验日期	试验组	枝长/cm				枝径/mm			
	H1	72.0	73.9	—	76.2	13.2	13.2	—	12.3
8月17日	H2	65.2	81.2	—	—	15.1	14.8	—	—
	H3	75.1	79.6	74.3	57.4	13.8	13.6	14.6	13.0
	H1	72.8	78.3	—	80.1	14.1	14.7	—	14.0
8月31日	H2	65.7	83.2	—	—	16.0	16.2	—	—
	H3	77.6	81.6	77.1	59.7	17.2	16.9	17.3	16.3
	H1	75.3	79.8	—	82.6	14.3	15.6	—	15.5
9月27日	H2	67.0	85.6	—	—	16.5	17.8	—	—
	H3	78.9	83.1	78.5	63.1	17.5	17.4	18.9	18.1
	H1	75.8	80.6	—	83.9	14.3	16.3	—	15.9
10月15日	H2	70.1	87.0	—	—	16.8	18.3	—	—
	H3	81.3	84.5	79.7	63.6	7.8	17.9	19.2	18.3
	H1	75.9	80.7	—	84.1	6.7	16.5	—	16.0
10月27日	H2	70.4	87.2	—	—	6.4	18.4	—	—
	H3	81.5	84.8	80.0	63.8	7.9	18.3	19.3	18.4

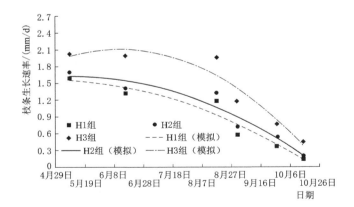

图 4.2-2　2021年涌泉灌蜜橘枝条增长速率变化曲线

　　为探讨涌泉灌技术不同灌水量下枝条长度随时间变化的规律，选择枝条生长日期为自变量，枝条长度为因变量，拟合枝条增长速度随着生长日期的变化趋势，结果见图 4.2-4、图 4.2-5。蜜橘树枝条长度（L）与天数（t）之间存在二次函数关系，各试验组拟合公式为 $L(t) = at^2 + bt$，式中 a 与 b 为参数，结果详见表 4.2-3。各试验组拟合结果中 R^2 均大于 0.99，表明蜜橘树枝条长度与生长天数之间的二次函数关系良好。

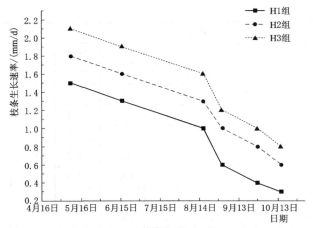

图 4.2－3　2022 年涌泉灌蜜橘枝条增长速率变化曲线

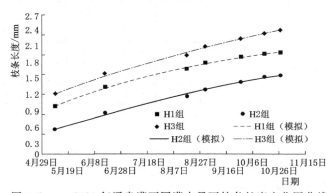

图 4.2－4　2021 年涌泉灌不同灌水量下枝条长度变化图曲线

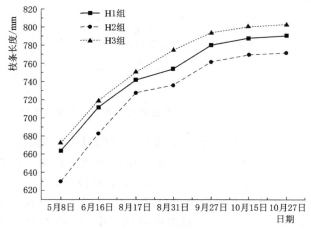

图 4.2－5　2022 年涌泉灌不同灌水量下枝条长度变化曲线

表 4.2 - 3　　涌泉灌不同灌水量下蜜橘树枝条长度变化拟合公式

试验组	公　式	决定系数 R^2
H1	$L = -0.0015t^2 + 138.96t$	0.9944
H2	$L = -0.0027t^2 + 239.92t$	0.9963
H3	$L = -0.0011t^2 + 96.726t$	0.9944

4.2.3　不同灌水量对蜜橘果径和体积的影响

蜜橘果径是指果实的宽度和高度，即果实一侧到另一侧的距离，蜜橘的果径大小反映了果实对营养物质的吸收及转化程度。果树坐果后 20d，果实坐果基本稳定，开始测量果实大小。2021 年和 2022 年的 5—11 月，在每个处理组的一颗试验树的东、南、西、北方向各选择一个长势较好且有代表性的幼果进行标记，利用数显游标卡尺测定果实的横径（R）和纵径（H），如图 4.2 - 6 所示。表 4.2 - 4、表 4.2 - 5 表示不同灌水量的蜜橘果实横径和纵径随时间的变化数据，图 4.2 - 7、图 4.2 - 8 所示为涌泉灌灌溉技术下不同灌水量的蜜橘果实横径和纵径随时间动态变化图。

图 4.2 - 6　果实纵横径测量

表 4.2 - 4　　　　**2021 年涌泉灌不同灌水量的蜜橘横径和**
纵径随时间的变化数据

试验日期	试验组	横径/mm			纵径/mm		
	H1	6.35	6.26	7.90	5.43	5.50	7.16
5 月 8 日	H2	6.93	7.71	6.57	5.75	6.83	6.44
	H3	6.18	7.76	6.59	5.16	6.27	5.45

续表

试验日期	试验组	横径/mm			纵径/mm		
6 月 16 日	H1	16.95	16.86	17.89	13.11	13.42	15.56
	H2	17.78	19.04	17.00	14.16	15.48	15.20
	H3	15.10	18.43	17.40	13.40	13.92	14.82
8 月 17 日	H1	28.33	32.13	30.77	23.15	23.51	25.96
	H2	32.03	33.08	31.8	26.92	26.13	28.73
	H3	29.27	32.79	31.59	22.43	25.37	25.54
8 月 31 日	H1	35.22	37.24	36.84	28.16	28.67	29.14
	H2	38.80	39.20	38.70	32.26	31.40	34.25
	H3	36.32	38.30	38.20	28.90	28.90	29.60
9 月 27 日	H1	41.42	43.57	42.54	32.46	31.65	32.94
	H2	44.44	45.80	45.25	36.26	37.80	38.00
	H3	42.46	44.34	44.53	32.90	32.12	33.50
10 月 15 日	H1	42.27	45.90	45.49	34.94	32.22	33.39
	H2	46.67	47.80	46.90	38.80	38.31	39.34
	H3	44.20	46.20	47.10	33.50	33.60	34.20
10 月 27 日	H1	43.47	45.90	45.87	35.22	32.54	33.60
	H2	47.16	48.89	47.78	39.30	38.80	39.50
	H3	44.73	47.12	47.23	33.80	33.80	34.50

表 4.2 - 5　　　2022 年涌泉灌不同灌水量的蜜橘横径和
纵径随时间的变化数据

试验日期	试验组	横径/mm			纵径/mm		
5 月 8 日	H1	6.72	6.50	7.64	5.81	5.71	6.83
	H2	7.26	7.82	7.13	5.78	7.10	7.12
	H3	6.32	7.93	6.91	5.06	6.57	6.13
6 月 16 日	H1	16.88	17.25	17.18	12.68	12.76	14.86
	H2	17.54	18.81	16.84	13.82	15.48	15.63
	H3	15.76	18.73	17.41	12.74	14.06	15.74
8 月 17 日	H1	28.67	31.72	28.93	22.16	22.73	26.84
	H2	33.12	32.63	30.16	26.37	25.86	27.16
	H3	30.16	31.88	29.27	21.06	25.22	26.93
8 月 31 日	H1	34.97	36.68	35.76	29.34	28.70	30.16
	H2	37.86	38.94	37.18	32.78	32.16	34.83
	H3	35.23	37.65	36.45	29.07	29.63	29.65

试验日期	试验组	横径/mm			纵径/mm		
	H1	40.78	42.10	41.63	32.84	31.85	33.47
9月27日	H2	43.62	44.32	43.27	36.25	37.12	37.63
	H3	41.12	44.34	41.88	32.70	30.93	32.18
	H1	42.27	43.29	43.27	35.12	32.80	34.06
10月15日	H2	46.67	46.73	44.26	37.43	37.78	38.78
	H3	44.20	45.12	42.80	34.68	32.53	32.69
	H1	43.47	44.08	44.93	36.92	33.29	34.55
10月27日	H2	47.16	47.25	46.14	39.27	38.47	39.84
	H3	44.73	45.90	44.78	35.17	32.65	32.91

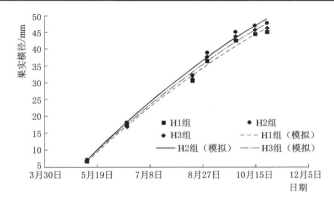

图 4.2-7　2021年涌泉灌蜜橘果实横径曲线

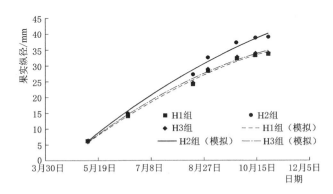

图 4.2-8　2021年涌泉灌蜜橘果实纵径曲线

图 4.2-9~图 4.2-14 显示了涌泉灌溉技术在不同灌水量条件下，果实横纵径生长速度的动态变化。结果表明：蜜橘的动态发育可分成 3 个时期。

在果实开花坐果期（5 月 9 日—6 月 16 日），蜜橘的横、纵径增长较为稳定。在不同灌溉条件下，2021 年，各试验组的平均生长速度为 0.26～0.27mm/d；2022 年，各试验组的平均生长速率为 0.24～0.25mm/d。H2 试验组的日生长速率最大，H1 的生长速度最慢。2021 年，纵径生长速率在 0.20～0.22mm/d 之间；2022 年，纵径生长速度在 0.19～0.21mm/d 之间。H2 的生长速率最大，H1 的生长速率最慢。

在果实膨大期的中期（6 月 16—8 月 31 日），这一时期的蜜橘果径明显增加，蜜橘果实的体积也随之明显增加。2021 年，在 H1 组下，蜜橘的横、纵径生长速率分别为 0.42mm/d 和 0.31mm/d；在 H2 组下，横、纵径生长速率分别为 0.47mm/d 和 0.39mm/d；在 H3 组下，横、纵径生长速率分别为 0.45mm/d 和 0.33mm/d。2022 年，在 H1 组下，蜜橘的横、纵径生长速率分别为 0.40mm/d 和 0.30mm/d；在 H2 组下，横、纵径生长速率分别为 0.48mm/d 和 0.37mm/d；在 H3 组下，横、纵径生长速率分别为 0.43mm/d 和 0.31mm/d。因此，试验结果表明，采用涌泉灌溉技术，在 H2 灌水条件下，对提高蜜橘果实直径具有较大的作用。在果实成熟（9 月 1 日—11 月 15 日）期间，蜜橘横、纵径虽有增加，但生长并不显著，蜜橘的体积则基本保持不变。2021 年，各组蜜橘的横径生长速度为 0.04～0.11mm/d，2022 年，各组蜜橘的横径生长速率为 0.03～0.10mm/d，H2 组的生长速率最快，H1、H3 组的生长速率最慢。因此，试验结果表明，蜜橘的纵径生长速率在 0.02～0.08mm/d 之间，H2 组的生长速度最高，H1、H3 组的生长速率最慢。

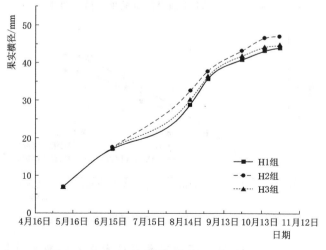

图 4.2-9　2022 年涌泉灌蜜橘果实横径曲线

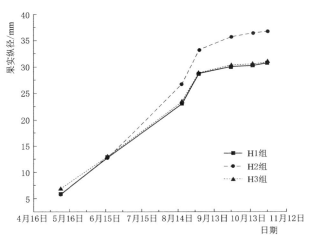

图 4.2-10　2022 年涌泉灌蜜橘果实纵径曲线

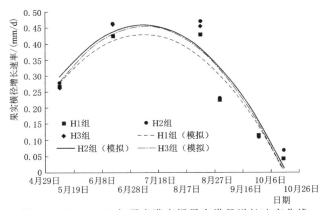

图 4.2-11　2021 年涌泉灌蜜橘果实横径增长速率曲线

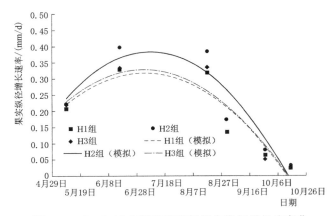

图 4.2-12　2021 年涌泉灌蜜橘果实纵径增长速率曲

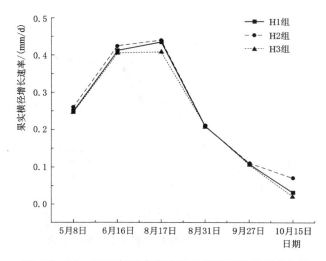

图 4.2－13　2022 年涌泉灌蜜橘果实横径增长速率曲线

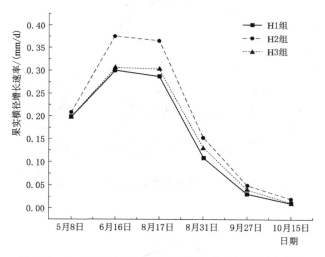

图 4.2－14　2022 年涌泉灌蜜橘果实纵径增长速率曲线

4.2.4　不同灌水量对蜜橘产量、品质及水分利用效率的影响

4.2.4.1　灌水量对蜜橘产量的影响

表 4.2－6、表 4.2－7 分别表示 2021 年、2022 年涌泉灌不同灌水量对蜜橘产量的影响。从表中可以看出，2021 年，中水（H2）对应的蜜橘产量最大，为 38565kg/hm²，低水（H1）对应的产量最小，为 32458kg/hm²，较 H2 处理降低了 15.84%；2022 年，中水（H2）对应的蜜橘产量最大，为

38029kg/hm²，低水（H1）对应的产量最小，为 35297kg/hm²，较 H2 组降低了 7.74%。

<table>
<tr><td colspan="2">表 4.2-6　2021 年涌泉灌不同
灌水量条件下蜜橘产量</td></tr>
<tr><th>试验组</th><th>产量/(kg/hm²)</th></tr>
<tr><td>H1</td><td>32458</td></tr>
<tr><td>H2</td><td>38565</td></tr>
<tr><td>H3</td><td>34578</td></tr>
</table>

表 4.2-6　2021 年涌泉灌不同灌水量条件下蜜橘产量

试验组	产量/(kg/hm²)
H1	32458
H2	38565
H3	34578

表 4.2-7　2022 年涌泉灌不同灌水量条件下蜜橘产量

试验组	产量/(kg/hm²)
H1	35297
H2	38029
H3	37358

4.2.4.2　灌水量对蜜橘果实含糖量的影响

成熟时各试验组单独收获，每个组的蜜橘产量均以平均值代表该组的实际产量。每个试验组的果树选取有代表性的果实 3 颗，用手持含糖量仪测量果实含糖，最后用平均值作为该试验组的含糖量代表值，表 4.2-8、表 4.2-9 和图 4.2-15、图 4.2-16 分别表示 2021 年、2022 年涌泉灌不同灌水量下蜜橘果实含糖量随时间的变化。由图 4.2-15 可知，2021 年，H2（中水）试验组果实含糖量最高，含糖量可以达到 17.2%；其次是 H3（高水）试验组，含糖量可以达到 16.7%；H1（低水）试验组果实含糖量最低，含糖量仅达到 14.8%。由图 4.2-16 可知，2022 年，H2（中水）试验组果实含糖量最高，含糖量可以达到 17.2%；其次是 H3（高水）试验组，含糖量可以达到 17.7%；H1（低水）试验组果实含糖量最低，含糖量仅达到 16.8%。由以上分析可以看出，最佳灌溉技术是 H3（高水）试验组，具有很好的提高蜜橘果品的效果。

表 4.2-8　2021 年涌泉灌不同灌水量下蜜橘果实含糖量随时间的变化

日　期	试验组	果实含糖量/%
8 月 31 日	H1	7.90
	H2	9.10
	H3	9.40
9 月 27 日	H1	8.90
	H2	9.80
	H3	11.00
10 月 15 日	H1	11.80
	H2	12.50
	H3	14.60

日　期	试验组	果实含糖量/%
10 月 27 日	H1	12.50
	H2	14.50
	H3	16.20
12 月 9 日	H1	14.80
	H2	16.70
	H3	17.20

表 4.2－9　　2022 年涌泉灌不同灌水量下蜜橘果实含糖量随时间的变化

日　期	试验组	果实含糖量/%
8 月 31 日	H1	8.40
	H2	8.80
	H3	9.10
9 月 27 日	H1	9.20
	H2	9.60
	H3	10.50
10 月 15 日	H1	11.70
	H2	12.20
	H3	13.70
10 月 27 日	H1	12.80
	H2	14.00
	H3	15.10
12 月 9 日	H1	16.80
	H2	17.20
	H3	17.70

4.2.4.3　灌水量对蜜橘果树水分利用效率的影响

表 4.2－10、表 4.2－11 分别表示了 2021 年、2022 年涌泉灌技术下不同灌水量下的蜜橘水分利用效率。结果表明，2021 年涌泉灌中水（H2）试验组产量最高，为 38565kg/hm²，水分利用效率 η_w 最高，为 11.02kg/m³；低水（H1）试验组产量最低，为 32458kg/hm²，水分利用效率 η_w 最低，为 9.27kg/m³；2022 年，涌泉灌中水（H2）试验组产量最高，为 38029kg/hm²，水分利用效率

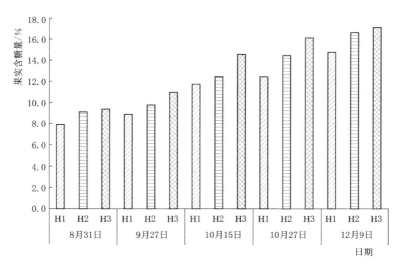

图 4.2-15　2021 年涌泉灌不同灌水量下蜜橘果实含糖量随时间的变化图

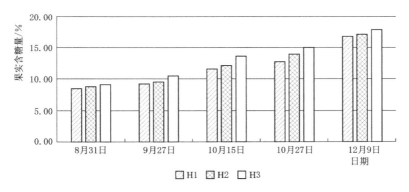

图 4.2-16　2022 年涌泉灌不同灌水量下蜜橘果实含糖量随时间的变化图

η_w 最高，为 10.87kg/m³；低水（H1）试验组产量最低，为 33297kg/hm²，水分利用效率 η_w 最低，为 9.51kg/m³。由以上分析可以看出，最佳灌水量是中水（H2）试验组，具有很好的节水增产效果，其次是高水（H3）试验组。

表 4.2-10　　2021 年涌泉灌不同灌水量因素下的蜜橘水分利用效率

试验组	ET/mm	Y/(kg/hm²)	η_w/(kg/m³)
H1	350	32458	9.27
H2	350	38565	11.02
H3	350	34578	9.88

注　ET 为耗水量；Y 为产量；η_w 为水分利用效率。

表 4.2－11　　2022 年涌泉灌不同灌水量因素下的蜜橘水分利用效率

试验组	ET/mm	Y/(kg/hm^2)	η_w/(kg/m^3)
H1	350	33297	9.51
H2	350	38029	10.87
H3	350	35258	10.07

注　ET 为耗水量；Y 为产量；η_w 为水分利用效率。

4.3　微润灌技术对蜜橘生长、产量、品质的影响

4.3.1　土壤含水率分析

　　图 4.3－1 显示了微润灌灌水 3 日内后，在不同灌水量条件下，土壤润湿层含水率的变化规律。从图中可以看出，微润灌区的土壤含水率随土层的加深而呈现出先增后减的变化，微润灌水技术使深度 0～20cm 土层的土壤含水率迅速增大，由于灌水器深 20cm 土壤含水率最高，而在 20～70cm 时，土壤含水量逐渐减小，70cm 以下又出现了明显的上升；水分含量在 H3 处理下最高。结果表明，在 0～20cm 的土壤中，水分快速增加，20～70cm 时下降幅度

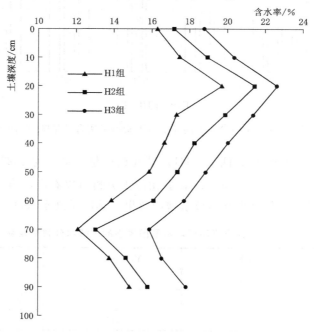

图 4.3－1　微润灌技术下土壤体积含水率变化曲线图

最大，70～100cm 水分由于重力势作用，土壤水分含量有所增加；浅层土壤的含水率与灌水器埋深深度和位置有关，中层土壤含水率与果树根系深度及根系吸水有关。

4.3.2 不同灌水量对蜜橘果树枝条的影响

本节探讨了微润灌水技术下，不同灌水量对蜜橘枝条生长变化的影响。

表 4.3-1、表 4.3-2 和图 4.3-2～图 4.3-5 分别表示 2021 年及 2022 年微润灌水技术在不同灌水条件下，其枝条生长速率和生长长度的变化规律。结果表明：各灌溉处理下的枝条生长规律基本一致，前期枝条生长差别不大，但随时间的增长，差别也越来越大。试验结果表明，在 6—8 月，蜜橘枝条生长最迅速，随着时间的推移而枝条生长速率则下降；9 月以后，虽然有增长，但增长幅度不大；在 10 月中旬蜜橘的果实成熟期中期，枝条基本停止生长。

表 4.3-1   2021 年微润灌不同灌水量下蜜橘树枝条长度变化

试验日期	试验组	枝长/cm				枝径/mm			
5 月 8 日	H1	61.8	67.4	—	64.2	5.3	4.8	—	5
	H2	55.3	70.9	—	—	5.9	6.5	—	—
	H3	65.1	70.3	66.4	48.1	4.7	4.9	4.4	3.9
6 月 16 日	H1	67	70.2	—	69.5	10	8.4	—	8.1
	H2	59.2	77.3	—	—	10.6	9.7	—	—
	H3	68.4	76.1	68.4	55.3	9.6	8.8	8.6	7.9
8 月 17 日	H1	70.9	75.5	—	73.4	13.4	12.7	—	11.4
	H2	63.5	81.3	—	—	14.2	14.3	—	—
	H3	75.1	77.4	72.8	58.6	14.3	12.6	13.9	13.6
8 月 31 日	H1	74.9	76	—	77	13.7	14.2	—	14.3
	H2	65.8	83.4	—	—	16	15	—	—
	H3	77.7	78	76.7	60.4	17.1	15.4	15.8	16.5
9 月 27 日	H1	75	77.6	—	79.8	14.9	15.2	—	15.9
	H2	67.8	84	—	—	18	17.6	—	—
	H3	79.3	80.6	77.9	63.2	18.6	18.2	17.3	18.1
10 月 15 日	H1	75.2	78.1	—	79.9	15.3	15.7	—	16.4
	H2	68.9	85.7	—	—	18.5	18.2	—	—
	H3	79.7	82.8	78.3	65.9	19.1	18.5	17.8	18.5
10 月 27 日	H1	77.6	78.2	—	80.1	15.4	16	—	16.6
	H2	70	85.9	—	—	18.5	18.3	—	—
	H3	79.8	86.1	79	66.4	19.3	18.5	18.1	18.7

表 4.3－2　　2022 年微润灌不同灌水量下蜜橘树枝条长度变化

试验日期	试验组	枝长/cm				枝径/mm			
5 月 8 日	H1	60.1	70.1	—	65.1	6.1	5.8	—	5.5
	H2	57.2	68.4	—		6.4	7.2	—	
	H3	66.8	69.3	65.3	52.7	5.0	6.1	6.8	4.6
6 月 16 日	H1	67.4	72.6	—	70.3	11.2	9.2	—	9.2
	H2	63.2	70.9	—		11.1	11.6	—	
	H3	67.3	71.3	67.2	57.2	10.8	8.7	10.7	8.3
8 月 17 日	H1	71.6	74.8	—	74.5	14.3	13.5	—	12.7
	H2	65.4	72.1	—		14.6	15.7	—	
	H3	73.2	73.4	72.9	61.0	13.8	14.0	15.2	11.6
8 月 31 日	H1	73.9	77.1	—	77.2	15.1	15.3	—	15.2
	H2	68.1	77.6	—		15.3	16.8	—	
	H3	76.0	76.8	75.1	63.2	14.3	16.2	17.6	14.3
9 月 27 日	H1	76.2	78.6	—	79.3	16.4	16.7	—	17.7
	H2	70.5	79.0	—		16.7	18.9	—	
	H3	78.3	77.2	79.4	65.8	15.8	19.3	19.3	16.4
10 月 15 日	H1	78.4	78.8	—	81.5	17.3	17.8	—	18.5
	H2	72.6	79.4	—		17.8	19.2	—	
	H3	79.8	77.5	80.6	67.2	16.5	19.7	20.7	17.3
10 月 27 日	H1	78.4	78.9	—	81.8	17.3	17.9	—	18.8
	H2	72.8	79.6	—		17.9	18.0	—	
	H3	79.9	77.5	80.8	67.4	16.5	19.3	20.8	17.4

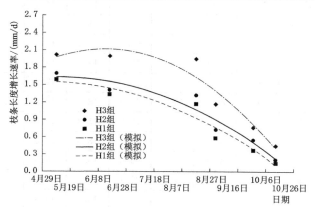

图 4.3－2　2021 年微润灌蜜橘果树枝条增长速率随时间变化曲线

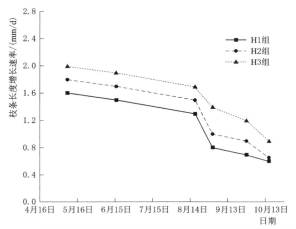

图 4.3-3　2022 年微润灌蜜橘果树枝条增长速率随时间变化曲线

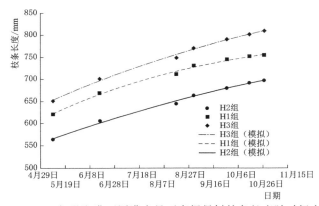

图 4.3-4　2021 年微润灌不同灌水量下蜜橘果树枝条长度随时间变化曲线

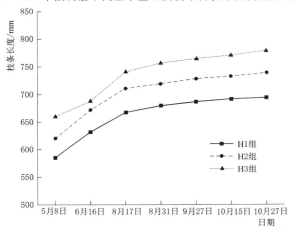

图 4.3-5　2022 年微润灌不同灌水量下蜜橘果树枝条长度随时间变化曲线

为探讨微润灌技术不同灌水量下枝条长度随时间变化的规律，选择枝条生长日期为自变量，枝条长度为因变量，拟合枝条增长速度随着生长日期的变化趋势。蜜橘树枝条长度（L）与天数（t）之间存在二次函数关系，各处理拟合公式为 $L(t)=at^2+bt$，式中 a 与 b 为参数，拟合结果见表 4.3-3，各处理下 R^2 均大于 0.99，表明蜜橘树枝条长度与生长天数之间的二次函数关系良好。

表 4.3-3　　微润灌不同灌水量下蜜橘果树枝条长度变化拟合公式

试验组	公　式	决定系数 R^2
H1	$L=-0.0021t^2+267.42t$	0.9978
H2	$L=-0.0017t^2+178.12t$	0.9947
H3	$L=-0.0014t^2+201.74t$	0.9956

4.3.3　不同灌水量对蜜橘果径和体积的影响

表 4.3-4、表 4.3-5 和图 4.3-6～图 4.3-12 分别为 2021 年、2022 年微润灌灌溉技术下，不同灌水量的蜜橘横径和纵径随时间动态变化。

表 4.3-4　　2021 年微润灌不同灌水量的蜜橘横径和纵径随时间的变化

试验日期	试验组	横径/mm			纵径/mm		
5月8日	H1	6.20	6.10	7.80	5.50	5.40	7.00
	H2	6.80	7.80	6.40	5.60	6.90	6.50
	H3	6.00	7.60	6.50	5.20	6.30	5.50
6月16日	H1	16.88	16.91	17.93	13.09	13.39	15.51
	H2	17.81	19.00	17.30	14.18	15.47	15.50
	H3	15.30	18.37	17.60	13.53	13.84	14.87
8月17日	H1	28.06	31.82	30.69	23.16	23.57	25.83
	H2	32.17	33.06	31.71	26.93	26.16	28.65
	H3	29.16	32.65	31.77	22.29	25.78	25.47
8月31日	H1	35.09	37.14	37.06	28.07	28.36	29.67
	H2	38.94	39.17	38.55	33.29	31.42	33.60
	H3	36.45	38.06	38.13	28.71	29.43	28.64
9月27日	H1	40.16	44.83	42.47	32.67	31.81	30.16
	H2	44.12	46.08	45.09	36.15	37.42	38.94
	H3	42.18	44.31	44.77	32.10	32.06	33.95

试验日期	试验组	横径/mm			纵径/mm		
10 月 15 日	H1	42.37	46.18	44.05	34.85	32.26	33.47
	H2	46.53	47.78	46.82	38.16	39.06	39.27
	H3	44.19	45.73	47.46	33.58	33.50	34.78
10 月 27 日	H1	43.69	46.20	45.56	34.17	32.48	33.91
	H2	47.18	49.01	47.11	39.41	38.45	39.51
	H3	44.81	46.03	47.52	33.72	33.64	34.81

表 4.3－5　2022 年微润灌不同灌水量的蜜橘横径和纵径随时间的变化数据

试验日期	试验组	横径/mm			纵径/mm		
5 月 8 日	H1	5.70	6.70	6.70	5.00	5.90	5.30
	H2	6.50	7.10	6.40	5.20	6.20	5.70
	H3	6.40	7.40	5.80	5.00	6.10	4.70
6 月 16 日	H1	14.26	15.26	15.16	11.72	10.76	10.73
	H2	15.73	16.23	14.78	12.63	12.50	10.86
	H3	15.08	16.84	13.94	12.27	11.86	9.26
8 月 17 日	H1	26.88	27.68	27.83	22.73	22.76	21.63
	H2	30.27	28.76	26.93	24.83	23.08	22.97
	H3	27.62	29.23	25.75	23.05	24.81	20.16
8 月 31 日	H1	32.93	34.26	34.73	26.32	25.63	24.77
	H2	36.84	36.18	35.92	29.78	28.41	25.65
	H3	34.92	35.41	32.65	28.71	27.16	21.68
9 月 27 日	H1	38.03	38.96	38.76	32.72	31.72	30.73
	H2	41.16	41.73	40.62	34.96	34.61	33.18
	H3	39.87	39.42	37.63	33.26	32.68	29.43
10 月 15 日	H1	40.76	40.17	40.82	34.18	32.75	32.83
	H2	43.85	43.58	42.68	36.17	35.82	33.47
	H3	41.26	41.23	40.73	35.24	33.56	32.58
10 月 27 日	H1	41.55	40.73	42.59	34.73	33.06	33.20
	H2	44.68	44.87	44.16	36.78	36.41	34.27
	H3	41.81	42.59	43.68	35.29	34.92	32.71

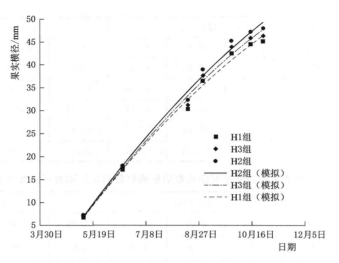

图 4.3－6　2021 年微润灌蜜橘横径生长曲线

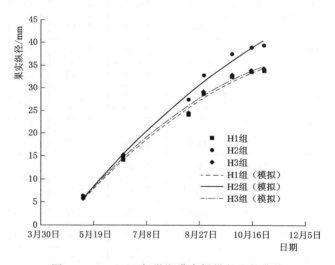

图 4.3－7　2021 年微润灌蜜橘纵径生长曲线

　　蜜橘的动态发育可分成 3 个时期。试验结果表明，在果实开花坐果期（5月 9 日—6 月 16 日），蜜橘的横径、纵径增长较为稳定。在不同灌溉条件下，各试验组的平均生长速率为 0.26～0.27mm/d，H2 组的日生长速度最大，H1 组的生长速度最慢。纵径生长速度在 0.20～0.22mm/d 之间，H2 组的生长速度最大，H1 组的生长速度最慢。

　　在果实膨大期的中期（6 月 16 日—8 月 31 日），这一时期的蜜橘果径明显

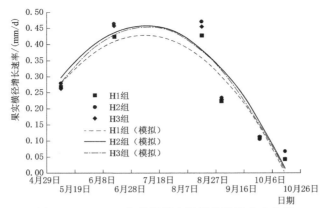

图 4.3-8　2021 年微润灌蜜橘横径增长速率曲线

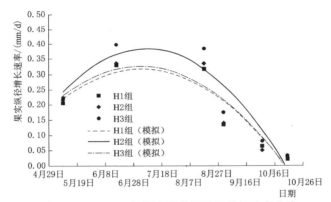

图 4.3-9　2021 年微润灌蜜橘纵径增长速率曲线

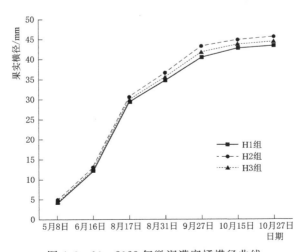

图 4.3-10　2022 年微润灌蜜橘横径曲线

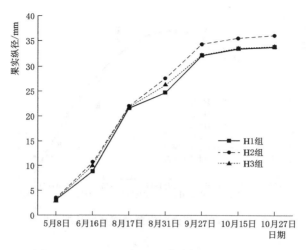

图 4.3-11　2022 年微润灌蜜橘纵径生长曲线

增加，蜜橘的体积明显增加。H1 组蜜橘的横、纵径生长速率分别为 0.42mm/d 和 0.31mm/d；H2 组蜜橘的横、纵径生长速率分别为 0.47mm/d 和 0.39mm/d；H3 组蜜橘的横纵径生长速率分别为 0.45mm/d 和 0.33mm/d。

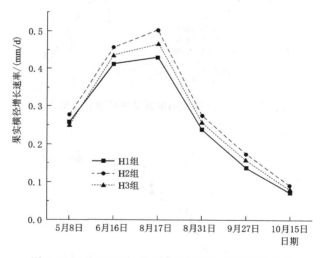

图 4.3-12　2022 年微润灌蜜橘横径增长速率曲线

　　试验结果表明，采用微润灌灌溉技术，在 H2 组灌水条件下，对提高蜜橘果实直径具有较大的作用。在果实成熟期（9 月 1 日—11 月 15 日），蜜橘横、纵径虽有增加，但生长并不显著，蜜橘的体积基本保持不变。各试验组下蜜橘的横径生长速度为 0.04～0.11mm/d，H2 组的生长速度最快，H1 组、H3 组的生长速度最慢；蜜橘的纵径生长速率在 0.02～0.08mm/d 之间，H2 组的生长速率最大，H1 组、H3 组的生长速率最小。图 4.3-13、图 4.3-14 分别表示 2021 年、2022 年微润灌灌溉技术在不同灌水量条件下，果实横纵径生长速度的动态变化。

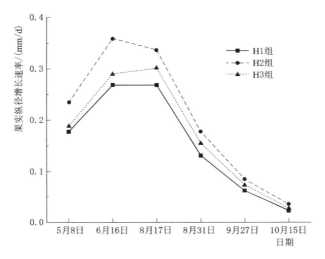

图 4.3-13　2022 年微润灌蜜橘纵径增长速率曲线

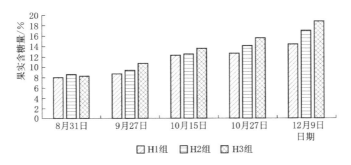

图 4.3-14　2021 年微润灌不同灌水量下蜜橘果实含糖量随时间变化图

4.3.4　不同灌水量对蜜橘产量、品质及水分利用效率的影响

4.3.4.1　不同灌水量对蜜橘产量的影响

表 4.3-6、表 4.3-7 分别表示微润灌技术下不同灌水量对蜜橘产量的影响。从表中可以看出，2021 年，微润灌技术下，H2（中水）组对应的蜜橘产量最大，为 37924kg/hm²，H1（低水）组对应的产量最小，为 35628kg/hm²，较 H2 组降低了 6.44%。2022 年，微润灌技术下，H2（中水）组对应的蜜橘产量最大为 37023kg/hm²，H1（低水）组对应的产量最小为 34286kg/hm²，较

H_2 组降低了 7.98%。

<table>
<tr><td colspan="2">表 4.3 - 6 2021 年微润灌不同灌水
量下南丰基地大田
试验区蜜橘产量</td></tr>
</table>

<table>
<tr><td colspan="2">表 4.3 - 7 2022 年微润灌不同灌水
量下南丰基地大田
试验区蜜橘产量</td></tr>
</table>

试验组	产量/(kg/hm²)		试验组	产量/(kg/hm²)
H1	35628		H1	34286
H2	37924		H2	37023
H3	36519		H3	35297

4.3.4.2 不同灌水量对蜜橘品质的影响

表 4.3 - 8、表 4.3 - 9 和图 4.3 - 14、图 4.3 - 15 所示分别为 2021 年、2022 年微润灌不同灌水量下蜜橘果品含糖量随时间变化图。由图 4.3 - 14 可知，2021 年，H3（高水）组果实含糖量最高，在果实成熟期含糖量可以达到 18.9%；其次是 H2（高水）组，含糖量可以达到 17.10%；H1（低水）组果实含糖量最低，含糖量仅达到 14.50%。由图 4.3 - 15 可知，2022 年，H3（高水）组果实含糖量最高，含糖量可以达到 18.00%；其次是 H2（高水）组，含糖量可以达到 17.20%；H1（低水）组果实含糖量最低，含糖量仅达到 16.80%。由以上分析可以看出，最佳灌溉技术是 H3（高水）组，具有提高蜜橘果品含糖量的效果。

表 4.3 - 8 2021 年微润灌不同灌水量下蜜橘果实含糖量随时间的变化

试验日期	处理组	果实含糖量/%
8 月 31 日	H1	8.10
	H2	8.70
	H3	8.30
9 月 27 日	H1	8.80
	H2	9.50
	H3	10.80
10 月 15 日	H1	12.40
	H2	12.60
	H3	13.70
10 月 27 日	H1	12.70
	H2	14.20
	H3	15.70

续表

试验日期	处理组	果实含糖量/%
12月9日	H1	14.50
	H2	17.10
	H3	18.90

表 4.3-9　2022 年微润灌不同灌水量下蜜橘果实含糖量随时间的变化

试验日期	处理组	果实含糖量/%
8月31日	H1	8.60
	H2	9.20
	H3	9.10
9月27日	H1	9.00
	H2	9.50
	H3	11.00
10月15日	H1	12.30
	H2	12.60
	H3	14.30
10月27日	H1	12.60
	H2	14.50
	H3	16.30
12月9日	H1	16.80
	H2	17.20
	H3	18.00

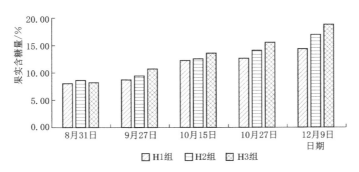

图 4.3-15　2022 年微润灌不同灌水量下蜜橘果实含糖量随时间的变化图

4.3.4.3　不同灌水量对蜜橘水分利用效率的影响

　　表 4.3-10、表 4.3-11 表示了 2021 年及 2022 年微润灌技术下不同灌水

量因素下的蜜橘水分利用效率。由表可知试验中，2021年，微润灌H2（中水）组产量最高，为37924kg/hm²，水分利用效率 η_w 最高，为10.84kg/m³；H1（低水）组产量最低，为33267kg/hm²，水分利用效率 η_w 最低，为9.50kg/m³。2022年，微润灌H2（中水）组产量最高，为37351kg/hm²，水分利用效率 η_w 最高，为10.67kg/m³；H1（低水）组产量最低，为32083kg/hm²，水分利用效率 η_w 最低，为9.16kg/m³。由以上分析可以看出，最佳灌水量是H2（中水）组，具有很好的节水增产效果，其次是H3（高水）组。

表 4.3 - 10　　2021年不同灌水量因素下的蜜橘水分利用效率

灌溉技术	试验组	ET/mm	Y/(kg/hm²)	η_w/(kg/m³)
微润灌技术	H1	350	33267	9.50
	H2	350	37924	10.84
	H3	350	35126	10.03

注　ET为耗水量；Y为产量；η_w 为水分利用效率。

表 4.3 - 11　　2022年不同灌水量因素下的蜜橘水分利用效率

灌溉技术	试验组	ET/mm	Y/(kg/hm²)	η_w/(kg/m³)
微润灌技术	H1	350	32083	9.16
	H2	350	37351	10.67
	H3	350	34681	9.91

注　ET为耗水量；Y为产量；η_w 为水分利用效率。

4.4　透水混凝土渗灌技术对蜜橘生长、产量、品质的影响

4.4.1　土壤含水率分析

土壤水分的垂向分布特征如图4.4-1所示，土壤水分垂向分布随深度呈现先增大后减小的规律，灌后的土壤水分主要分布于中深层土壤。这是由于透水混凝土灌水器埋深约为30cm，灌溉水流入灌水器底部后通过孔隙向土壤四周扩散，使得30cm处土壤含水量接近峰值。30～50cm处土壤含水率在田间持水量附近波动。50cm以后土壤含水率急剧下降，随着土壤深度的增加土壤含水率逐渐下降，这是由于土壤深度越大水力坡降越小，土壤含水量减少量越大。不同灌水处理中，灌水量越大，同深度处含水量越大。

4.4.2　不同灌水量对蜜橘果树枝条的影响

试验分别于2021年及2022年的5月8日、2021年6月16日、2021年8

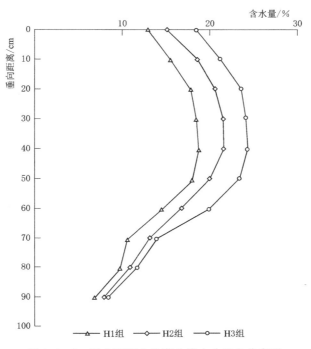

图 4.4-1　透水混凝土渗灌土壤水分垂向分布图

月 17 日、2021 年 8 月 31 日、2021 年 9 月 27 日、2021 年 10 月 15 日、2021 年 10 月 27 日各测一次枝条长度及枝条枝径。首先从第二次测量数据开始，通过减去上次数据得到本次的枝长枝径增长量，依次得到从第二次到最后一次每根枝条的枝长、枝径增长量；然后根据每次每根枝条计算出的增长量，计算每次试验增长量的平均值，最后用平均值除以本次试验距离上次试验的时间间隔得到每次试验的枝长、枝径增长速率。

图 4.4-2～图 4.4-5 分别为 2021 年、2022 年蜜橘果树枝长及枝长增长率随时间的变化曲线图。南丰蜜橘果树枝条主要生长于 5 月上旬至 6 月中旬，该时期为蜜橘的开花坐果期，且是果树枝条迫切需要水分及养分的时期，因此试验中的这段时期果树枝条生长旺盛。在此时期末枝长增长率达到顶峰。6 月下旬至 8 月上旬是蜜橘果树的果实膨大期，该时期果实会与枝条争夺水分和养分，从而导致枝长增长速率放缓，最后到 11 月枝条基本不增长。各灌水处理变化趋势基本相同，在同时期内灌水量越大枝长增长速率越大。

图 4.4-6、图 4.4-7 分别反映了 2021 年及 2022 年透水混凝土渗灌条件下不同灌水处理对蜜橘枝径生长量的变化规律。由图可知，蜜橘枝径生长呈现"平稳增长—快速增长—平稳增长"的趋势，符合作物生长的 S 形规律曲

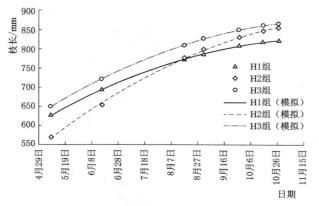

图 4.4 - 2　2021 年透水混凝土渗灌枝条长度与时间关系图

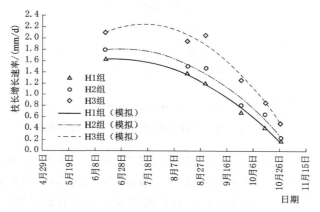

图 4.4 - 3　2021 年透水混凝土渗灌枝条增长速率与时间关系图

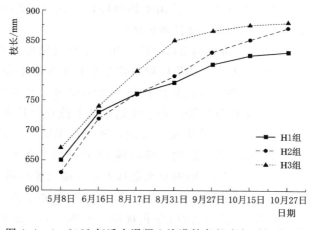

图 4.4 - 4　2022 年透水混凝土渗灌枝条长度与时间关系图

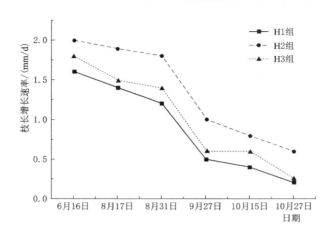

图 4.4-5　2022 年透水混凝土渗灌枝条增长速率与时间关系图

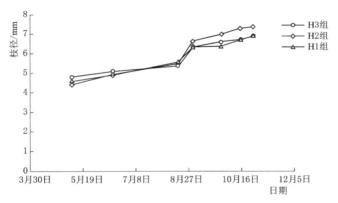

图 4.4-6　2021 年透水混凝土渗灌枝径与时间关系图

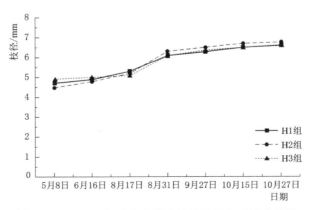

图 4.4-7　2022 年透水混凝土渗灌枝径与时间关系图

线。2021 年，全生育期生长量变化大小顺序为：H2＞H3＞H1，全生育期 H2 组的枝径生长量最大，为 2.95mm；H1 组的枝径生长量最小，为 2.10mm，比 H2 组低 28.8％。2022 年，全生育期生长量变化大小顺序为：H2＞H3＞H1，全生育期 H2 组的枝径生长量最大，为 2.87mm；H1 组的枝径生长量最小，为 2.05mm，比 H2 组低 28.6％。2021 年、2022 年两年蜜橘果树枝径生长规律与枝长生长规律基本一致，均为 H2 组促进生长，H1 组抑制生长。

4.4.3　不同灌水量对蜜橘果径和体积的影响

从表 4.4-3、表 4.4-4 可知，蜜橘果形指数在 0.75～0.95 之间波动，果形指数随时间减小最后趋于稳定，其中 5 月果形指数最大，能达到 0.95，于 9—10 月趋于 0.80～0.85 之间。从图 4.4-8～图 4.4-11 和表 4.4-1 可以

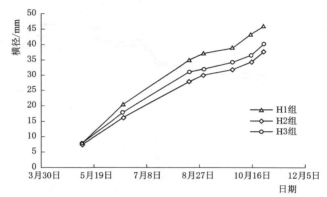

图 4.4-8　2021 年透水混凝土渗灌果实横径与时间关系图

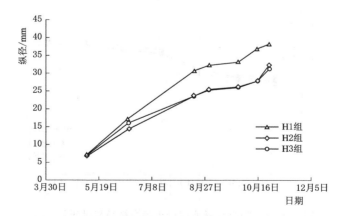

图 4.4-9　2021 年透水混凝土渗灌果实纵径与时间关系图

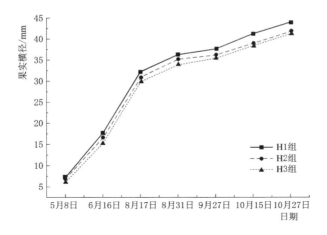

图 4.4 - 10　2022 年透水混凝土渗灌果实横径与时间关系图

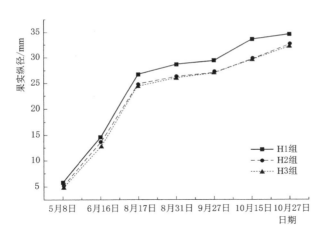

图 4.4 - 11　2022 年透水混凝土渗灌果实纵径与时间关系图

看出 2021 年、2022 年 H3 组横纵径增长最快，其次是 H2 组，H1 组横纵径日增长最慢。5—6 月果实横纵径快速增长，后逐渐减小，在 10 月开始再次增大。在全生育期内果实横径增长始终快于纵径增长，在最后横径增长与纵径增长相平衡。这是由于在开花坐果初期，蜜橘果实近似球状，之后果实形状会渐渐由球状向扁平状转变，到果实膨大期之前果实体积增大是由于果实内部果肉细胞在不断增殖，果实膨大期时果肉细胞基本不发生增殖，果实体积靠果肉细胞自身体积的增大而增大，到果实成熟期末期果实形状基本定型。

表 4.4-1 **2021 年蜜橘果实果形指数表**

试验日期	试验组	果 形 指 数		
5 月 8 日	H1	0.98	0.90	0.89
	H2	0.95	0.94	0.87
	H3	0.89	0.87	0.88
6 月 16 日	H1	0.75	0.91	0.92
	H2	0.81	0.96	0.93
	H3	0.93	0.92	0.90
8 月 17 日	H1	0.91	0.83	0.91
	H2	0.97	0.81	0.78
	H3	0.81	0.72	0.75
8 月 31 日	H1	0.92	0.85	0.86
	H2	0.93	0.79	0.80
	H3	0.85	0.77	0.76
9 月 27 日	H1	0.92	0.81	0.85
	H2	0.91	0.80	0.76
	H3	0.81	0.74	0.74
10 月 15 日	H1	0.86	0.82	0.89
	H2	0.93	0.77	0.77
	H3	0.73	0.74	0.84
10 月 27 日	H1	0.83	0.80	0.89
	H2	0.95	0.83	0.81
	H3	0.78	0.80	0.78

表 4.4-2 **2022 年蜜橘果实果形指数表**

试验日期	灌水处理	果 形 指 数		
5 月 8 日	H1	0.95	0.94	0.88
	H2	0.92	0.89	0.96
	H3	0.86	0.90	0.91
6 月 16 日	H1	0.91	0.93	0.92
	H2	0.90	0.94	0.92
	H3	0.89	0.91	0.90
8 月 17 日	H1	0.89	0.88	0.87
	H2	0.88	0.82	0.80
	H3	0.83	0.76	0.77

试验日期	灌水处理	果 形 指 数		
8 月 31 日	H1	0.89	0.83	0.84
	H2	0.88	0.85	0.78
	H3	0.87	0.83	0.77
9 月 27 日	H1	0.90	0.79	0.81
	H2	0.86	0.82	0.80
	H3	0.84	0.75	0.79
10 月 15 日	H1	0.85	0.84	0.88
	H2	0.84	0.77	0.79
	H3	0.83	0.76	0.81
10 月 27 日	H1	0.81	0.83	0.85
	H2	0.78	0.76	0.77
	H3	0.80	0.75	0.78

4.4.4　不同灌水量对蜜橘产量、品质及水分利用效率的影响

4.4.4.1　不同灌水量对蜜橘产量和水分利用效率的影响

果实成熟后，分别于 2021 年、2022 年的 10—12 月，分批采收蜜橘，并用称重法测定产量。透水混凝土渗灌技术下，如表 4.4 - 3 所示，2021 年，H3 组蜜橘产量最大，为 37768kg/hm²，H1 组产量最小，为 36875kg/hm²，较 H3 组处理降低了 2.3%。如表 4.4 - 6，2022 年，H3 组蜜橘产量最大，为 37652kg/hm²；H1 组产量最小，为 35062kg/hm²，较 H3 组降低了 6.8%。表 4.4 - 7、表 4.4 - 8 表示了 2021 年及 2022 年透水混凝土渗灌技术下不同灌水量因素下的蜜橘水分利用效率。由表可知试验中，2021 年，H2 组水分利用效率 η_w 最高，为 26.60kg/m³；H1（低水）处理水分利用效率 η_w 最低，为 18.56kg/m³。2022 年，H2 组水分利用效率 η_w 最高，为 18.86kg/m³；H1 组水分利用效率 η_w 最低，为 16.73kg/m³。由透水混凝土灌溉技术蜜橘产量数据图表对比可知，H3 组能够明显提高蜜橘的产量，H2 组能显著提高水分利用效率。

表 4.4 - 3　2021 年透水混凝土渗灌不同灌水量下南丰基地大田试验区蜜橘产量

试验组	产量/(kg/hm²)
H1	36875
H2	37293
H3	37768

表 4.4 - 4　2022 年透水混凝土渗灌不同灌水量下南丰基地大田试验区蜜橘产量

试验组	产量/(kg/hm²)
H1	35062
H2	36279
H3	37652

表 4.4-5　　2021 年透水混凝土渗灌不同灌水量因素下的蜜橘水分利用效率

试验组	ET/mm	Y/(kg/hm^2)	η_w/(kg/m^3)
H1	350	36875	18.56
H2	350	37293	23.60
H3	350	37768	21.59

表 4.4-6　　2022 年透水混凝土渗灌不同灌水量因素下的蜜橘水分利用效率

试验组	ET/mm	Y/(kg/hm^2)	η_w/(kg/m^3)
H1	350	35062	16.73
H2	350	36279	18.86
H3	350	37652	17.55

4.4.4.2　不同灌水量对蜜橘品质的影响

分别于 2021 年和 2022 年的 8 月 31 日开始检测不同灌水处理的蜜橘可溶性糖含量，试验数据见表 4.4-7 和表 4.4-8。

表 4.4-7　　2021 年透水混凝土渗灌不同灌水处理果实含糖量

试验日期	试验组	含糖量/%
8 月 31 日	H1	8.40
	H2	8.90
	H3	9.60
9 月 27 日	H1	11.30
	H2	9.30
	H3	12.50
10 月 15 日	H1	11.10
	H2	13.70
	H3	17.70
10 月 27 日	H1	12.50
	H2	13.80
	H3	17.80
12 月 9 日	H1	15.60
	H2	14.60
	H3	18.70

表 4.4－8　　　2022 年不同透水混凝土渗灌灌水处理果实含糖量

试验日期	灌水处理	含糖量/％
8 月 31 日	H1	9.40
	H2	9.70
	H3	9.20
9 月 27 日	H1	10.30
	H2	11.70
	H3	12.40
10 月 15 日	H1	14.60
	H2	14.50
	H3	16.80
10 月 27 日	H1	17.00
	H2	16.30
	H3	17.50
12 月 9 日	H1	17.40
	H2	16.80
	H3	18.50

表 4.4－7、表 4.4－8 揭示了不同灌水处理蜜橘果实含糖量随时间的变化规律。由表 4.4－7 可知，2021 年 H3 组果实含糖量最高，在果实成熟期果实可溶性糖含量可以达到 18.70％；其次是 H1 组，果实成熟期可溶性糖含量可达 15.60％；H2 组在果实成熟期果实含糖量最低，仅有 14.60％。由表 4.4－8 可知，2022 年 H3 组果实含糖量最高，在果实成熟期果实含糖量可以达到 18.50％；其次是 H1 组，果实成熟期含糖量可达 17.40％；H2 组在果实成熟期果实含糖量最低，仅有 16.80％。由此可见 H3 组灌水最佳，具有很好的提高蜜橘果实含糖量的效果。

4.5　丘陵地区蜜橘微灌模式分析

4.5.1　微灌技术灌水量对蜜橘生长的影响

从总体情况看，果树枝条长度呈 S 形曲线增长，其原因是 4—8 月，温度适宜，雨水充沛，为枝条生长发育提供了良好的自然环境条件；此时，适合的土壤水分会将养料运送至土壤根部，进一步促进果树生长。进入 9 月之后，随着降水的逐渐减少，容易发生季节性干旱，使土壤发生板结现象，导致土壤水分利用率显著下降，抑制果树的光合作用，枝条生长速率逐渐变缓。且该时间段温度仍然较高，果树消耗养分过快，也是抑制枝条生长的又一因素。

果实大小的生长情况不同于枝条，其增长速率表现为"先迅速、再变缓、最终稳定"。造成此现象的原因是，在落果期之前，温度、水分均处于较适宜状态，果实不断生长，在落果期时，土壤水分不能供应全部果实生长发育，甚至抑制果实膨大，导致生长速率变缓。在进入果实膨大期之后，由于果实养分积累至一定量，导致果实大小基本不会发生改变，果实以极缓的速率发生膨大。

在一定范围内，随着灌水量的不断增加，果树相应指标会得到不断程度的提升。当灌水量达到一定量，对枝条生长情况以及果实大小的促进效果不太明显，甚至会出现下降的现象。过多的土壤含水率可能使根系细胞大量流失养分，导致其脱水死亡，使一些指标受到相应抑制。同时，过少和过多的水分均会抑制果树的生长，主要体现在水分不足，导致果树发生光合作用的原料不足，会在一定程度上阻止果树快速生长；而过多的水分会使土壤通透性下降，导致土壤根系细胞无法透过土壤孔隙与外界进行气体交换，导致烂根现象的发生或加重，且水分过多的抑制程度远大于水分过低。因此，应当采用中水组对果树进行灌水处理，使果树处于适当的水分亏缺状态，从而增加果实的含糖量和产量。

4.5.2　微灌技术对蜜橘产量品质和水分利用效率的影响

不同灌溉技术和灌水量对果树生长发育的影响体现在多方面。果树相关指标在一定范围内随着灌水量的增加而提高，但在果树整个生育期并不是完全保持线性正相关关系。试验结果的分析表明，果树枝条生长情况、果实大小与灌水量的多少无显著关系，甚至随着灌水量的不断增加，枝条和果实的生长过程受到抑制，导致其生长状况在很大程度上劣于低水组和中水组，这表明适度的水分亏缺可以促进果树枝条和果实生长。适度的水分亏缺，会小幅度抑制果树营养器官的生长，促进果树根部的毛细根的不断生长，扩大根部吸收营养部分的能力，使得果树各指标恢复正常的生长水平甚至超越往前的生长状态。由于蜜橘所需的养分大多为可溶性盐，过高的灌水量会稀释土壤中的营养物质；同时，红壤吸收过量的灌溉水容易出现板结现象，导致营养物质无法被根系吸收，从而抑制果树各项指标的生长。

根系特别是毛细根是果树吸收利用水分和养分最主要的器官，其发育状况直接关系着果树树体的生长发育状况和产量及品质的形成。不同灌溉技术对根系生长发育情况的影响亦是相当的明显，从而深刻影响果树的各个相关指标。从试验数据可发现，微润灌所得到的结果普遍劣于其他灌溉方式，其原因可能为微润灌的灌水设施较为简单，水分直接作用于地表，土壤蒸发造成水分的极大浪费；同时，由于过多灌溉水存在于果树根系外部，抑制了根系的有氧呼吸，导致根部细胞大面积死亡，不利于枝条和果实的健康生长。反观滴灌技术，其大部分指标都处于最佳状态，尤其在果实产量和水分利用效率两大最重要指标上，均稳定好于其余灌溉模式。其原因是滴灌灌水器是由双孔滴灌管组成，不仅有较大的流量，使水分充分作用于土壤根系，同时具有不易发生堵塞和供水稳定的特点，适当地扩大了土壤湿润体体积。

图 4.5-1～图 4.5-8 分别为 2021 年和 2022 年 4 种灌溉技术下不同灌水处理的红壤丘陵区域蜜橘的平均产量、水分利用效率（WUE）、蜜橘果实含糖量、蜜橘果实平均体积大小。通过对比分析可知，滴灌蜜橘的产量、水分利用效率、果实体积增长明显高于其他灌溉技术组，且滴灌的中水组在果实产量、水分利用效率、果实体积增长及果实含糖量的效果最佳。透水混凝土渗灌技术与其他灌溉技术组对比可知，其对蜜橘果实含糖量的促进作用是最优的，对蜜橘果实产量、水分利用效率及体积增长的促进作用仅次于滴灌技术，因此，透水混凝土渗灌也是一种适用于丘陵红壤蜜橘种植的新型灌溉技术。综合对比下，滴灌的中水组优于其他灌溉技术和灌水量，因此，应当在相应红壤地区推广此类灌溉方式。

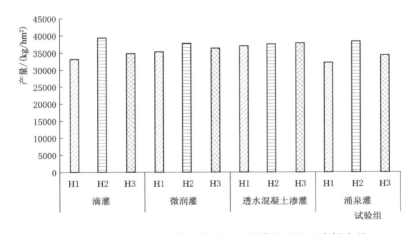

图 4.5-1　2021 年不同灌溉技术下不同灌水量处理蜜橘产量

4.5.3　微灌技术对蜜橘的抗旱保墒效应

抗旱保墒效应一直是制约作物生长的一个重要因素，由于红壤丘陵区水资源的时空分布不均、夏秋季高温少雨的特点，微灌技术对丘陵红壤蜜橘的抗旱保墒具有不可替代的作用。微润灌、滴灌、涌泉灌、透水混凝土渗灌

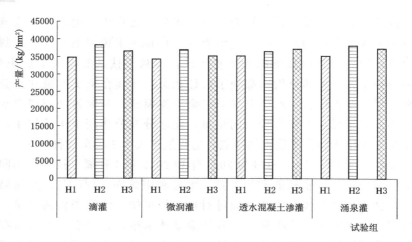

图 4.5-2　2022 年不同灌溉技术下不同灌水量处理蜜橘产量

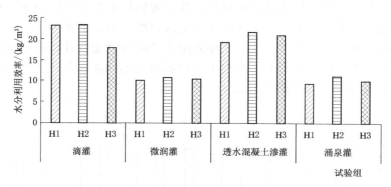

图 4.5-3　2021 年不同灌溉技术下不同灌水量处理蜜橘水分利用效率

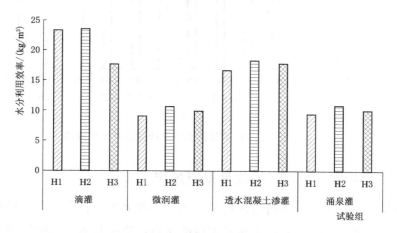

图 4.5-4　2022 年不同灌溉技术下不同灌水量处理蜜橘水分利用效率

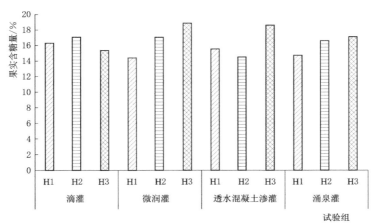

图 4.5－5　2021 年不同灌溉技术下不同灌水量处理蜜橘果实含糖量

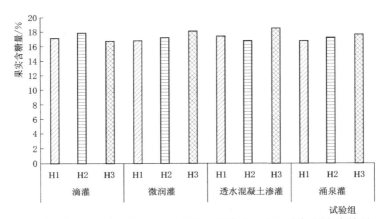

图 4.5－6　2022 年不同灌溉技术下不同灌水量处理蜜橘果实含糖量

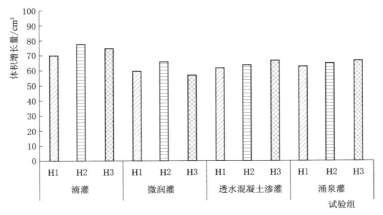

图 4.5－7　2021 年不同灌溉技术下不同灌水量处理蜜橘果实平均体积增长量

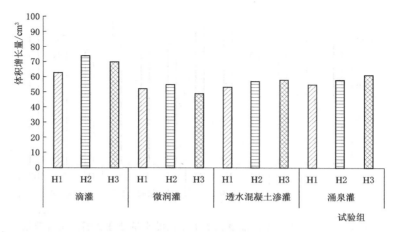

图 4.5－8　2022 年不同灌溉技术下不同灌水量处理蜜橘果实平均体积增长量

等节水微灌技术的应用，可减少水资源的消耗以及土壤无效水分损失，促进根系吸收更多水分，提高水分利用效率，对蜜橘生长及产量的增加起到积极的促进作用，也对当地农户种植蜜橘起到指导作用。微灌技术中，滴灌能将恒定压力的水以管网和出口管（滴灌带）或水滴的形式缓慢均匀地灌溉到蜜橘果树根部附近的土壤中，使用双控滴灌器的滴灌带能解决以往传统灌溉方式中流量过低而导致的管道堵塞问题，防止输水管网支管管道因水压不稳定导致的破裂，且提高了水分的利用率。滴灌技术也存在不足，例如，滴灌灌水均匀性较差，且土壤水分集中在滴头附近，与漫灌相比易于将盐分运移至湿润峰处，土壤氨挥发损失率较高。我国自主研发的新型低压管道微灌技术（线源灌溉），解决了滴灌的不足，同时保留滴灌的优点，该灌水器结构简单，属于渗灌技术的一种，能够适时适量地为丘陵蜜橘全生育期实现持续性供水。涌泉灌采用加流量控制器的塑料细管作为灌水器与毛管相连接，并且可以与田间渗水沟辅助，以细流或射流局部湿润蜜橘果树根区附近土壤，实现对蜜橘果树的精准灌溉。透水混凝土渗灌技术所使用的透水混凝土渗灌灌水器具备与土壤相容性好、防堵塞、强度高、耐腐蚀等特点，能够直接将水输送到蜜橘果树根部，可以有效地减少地表蒸发径流损失，尤其在干旱枯水季，能够有效地应对水源不足的情况，且能够提高水肥利用效率。

4.5.4　微灌技术土壤墒情自动预警机制

灌溉技术与人工智能技术相结合一直是当今国内外农业领域研究的热点，智慧灌溉技术可将微灌技术与物联网、大数据、神经网络、机器学习等前沿技术有机结合起来，一方面实现农田作物的精准灌溉，另一方面减少人力成本，提高农业生产效率。气候对作物生理生长、农业灌溉用水定额的确定具有较大影响，但农业气象数据诸如大田空气湿度、空气温度、距地面 2m 处风速及风向、土壤湿度及温度等数据不具备明显的规律性和相关性，难以直接进行较为准确的预测，对于这种复杂系统的预测，通常采用神经网络预测控制（neural networkpredictive control）结合模糊控制技术（fuzzy control technology）对未来气象信息进行预测。神经网络模型通过采集近几年的气象数据集及土壤数据集进行训练，利用训练出的精度较高的模型对大田未来的气象及土壤状况进行预测。

　　丘陵区域蜜橘智能微灌系统平台主要由灌水器、输配水网管、水源、水阀、控制器（PLC、单片机）、传感器（土壤水分传感器、空气温湿度传感器、二氧化碳浓度传感器、光照强度传感器等）、云服务器、上位机程序（桌面端、移动端、网页端）、网络摄像头、物联网局域网模块、物联网广域网模块（NB-IOT、LTE 等）、电源（太阳能电池板供电或民用 220V 电压供电）等组成。

　　现代节水灌溉技术如喷灌、滴灌等的推行为实施作物的精确、适时灌溉提供了可能，同时也对土壤水分状况的测量提出了更高的要求。对作物灌溉时要注意灌溉用水量以及土壤水分的适宜上、下限。多数陆生植物所需的水分都是来自土壤，但不是所有的土壤水分都能被作物生长所利用。不被重力影响而被土壤保持的土壤水分称为田间持水量，是通常作物所利用水分的上限。作物出现永久萎蔫的土壤含水率称为萎蔫系数或者永久萎蔫百分数，是作物可利用水的下限。通常土壤水分保持在田间持水量的时候是最利于作物生长的，土壤中的水分高于田间持水量时则不利于作物的根部呼吸，同时影响作物的生长，因此制定适宜作物的灌溉制度及灌水定额，需要确定该作物适宜生长的土壤水分含水率上下限再确定合适的灌水定额。作物的灌水定额通常采用土壤田间最大持水量补差法，即根据不同作物不同生育期等条件，利用灌水定额计算公式，以不同田间持水量百分比作为灌水上下限，确定不同时期的灌水定额。

　　丘陵区域蜜橘智能微灌系统平台模糊控制器，利用神经网络模型所预测的未来气象信息及土壤墒情信息，确定蜜橘不同物候期所需的灌水定额及灌水上下限。当大田土壤含水率低于灌水下限值时，土壤水分传感器感知节点向控制器发送当前土壤含水率数据，控制器对当前土壤含水率与灌水下限值进行比较。当土壤含水率低于灌水下限值时，控制器对阀门接受节点下发命令，打开阀门灌水。而当土壤含水率高于灌水上限值时，控制器对阀门接受节点下发命令，关闭阀门，停止灌水，实现对丘陵蜜橘大田土壤墒情的自动预警及大田的自动灌溉。

4.6　本章小结

（1）在滴灌技术条件下，不同灌水量对蜜橘果树不同指标的影响程度不同。其中，不同灌水量对果实大小增长率的影响较小，横径增长速率极差值不足 3%，纵径增长速率极差值不足 2%；但不同灌水量对枝条生长情况的影响较大，枝长和枝径增长率的差值在 10% 以上；说明在滴灌条件下，不同灌水量对枝条生长的影响程度大于果实。由于枝条属于果树外观，因此进行相应评价时，其重要性要适当靠后。同样，在滴灌条件下，不同灌水量对果实含糖量的影响程度较大，2021 年，H2 组分别比 H1 组和 H3 组分别高 4.27%和 11.04%，2022 年，H2 组分别比 H1 组和 H3 组分别高 2.35%和 4.79%；且过高的灌水量会抑制根系细胞的生长，从而导致果实营养器官生长发育遭到破坏，导致高水组含糖量远低于其余 2 组。在滴灌条件下，不同灌水量对果实产量和水分利用效率的影响最为显著，H2 组的作物产量远高于其余两组，2021 年，H2 组作物产量分别较 H1 组、H3 组增加了 18.52 和 13.25%，H1 组和 H2 组水分利用效率分别较 H3 组增加了 28.98%和 30.15%，效果显著，2022 年，H2 组作物产量分别较 H1 组、H3 组增加了 25.47 和 4.47%，H1 组和 H2 组水分利用效率分别较 H3 组增加了 18.96%和 24.83%，效果显著；且含糖量和产量作为检测果实质量的重要指标，具有一定的相关性；试验组含糖量越高，果树实产量越大，水分相关系数越高，越能体现节水增产的效益。整体来看，不同灌水量对各项指标的影响情况大小依次为：产量、水分利用效率、含糖量、枝条、果实大小、果形指数，说明适当调整灌水量，可以对果树的节水增产作用起到积极的促进作用。通过试验数据分析，在滴灌条件下，H2 组（中水组）在果实大小、果实产量、果实含糖量、水分利用效率等数据上均要优于其余 2 组。综合分析，各试验组的促进效果大小依次为：H2 组、H1 组、H3 组。因此，应当把 H2 组作为当地滴灌模式下的灌定额。

（2）在涌泉灌灌水技术条件下，各试验组蜜橘果实的生长趋势基本一致，分为缓慢增长期和果实膨大期 2 个发育周期。H2（中水）组的果实膨大期后期的体积最大，2021 年，横径达到了 47.94mm，纵径达到了 39.20mm；H1（低水）组的为最小，横径达到了 45.08mm，纵径达到了 33.79mm；H2（中水）组的平均产量最高，为 38565kg/hm²；H1（低水）组的产量最低，为 32458kg/hm²。2022 年，横径达到了 46.80mm，纵径达到了 37.90mm；H1（低水）组的为最小，横径达到了 44.12mm，纵径达到了 32.93mm；H2（中水）组的平均产量最高，为 38029kg/hm²；H1（低水）组的产量最低，为 35297kg/hm²。各处理之间的蜜橘产量大小依次为：H2（中水）组、H3（高水）组、H1（低水）组，与 H1（低水）组相比，H2（中水）组、H3（高水）组的产量分别增长了 7.74%、1.80%，说明 H2（中水）组在一定程度上提高蜜橘产量。蜜橘果树枝条的生长以 5 月初至 6 月中旬为主，这一阶段前期和中期气温偏低，降雨偏少，而此时枝条生长又急需水分和营养，所以灌水对其生长有明显的影响；在 6 月底至 8 月底，这段时间正是蜜橘果实膨大期，这段时间内果实生长迅速，需要大量的水分，造成蜜橘果树枝条与蜜橘果实之间的水分竞争。在蜜橘树果实膨大期前（开花坐果期）H3（高水）组枝条增长速率最大，平均达到了 1.88mm/d；H1（低水）组的最小，枝条增长速率为 1.52mm/d；涌泉灌不同灌水量下蜜橘品含糖量随时间变化规律基本一致，随着时间逐渐增长，H2（中水）组果实含糖量最高，在果实成熟期含糖量可以达到 17.2%；其次是 H3（高水）组，在果实成熟期含糖量可以达到 16.7%；H1（低水）组果实含糖量最低，在果实成熟期含糖量仅达到 14.8%。

（3）在无压力条件下，透水混凝土灌水器的渗流效率主要受土层吸力的影响。透水混凝土灌水器埋于土层中，与土层构成一整体。灌水时，灌水器中的水在土地吸力的影响下渗透至土壤，土壤含水率增大，湿润峰逐步向周围土壤推移。灌溉初期，灌水器附近土地含水率小，土壤吸力大，入渗率大。随着灌溉时间的增长，土壤含水率逐渐上升，入渗速率也迅速下降，灌溉约 1h 后，入渗流速趋于稳定，渗流速率与入渗速率处于动态平衡。灌水后各不同灌水处理在同一深度土层土壤含水量均有一峰值存在，但峰值大小不同，灌水处理的灌水量越小，土壤含水量峰值也越小。所有灌水处理其最大含水量均出现在 30cm 深处，恰好为灌水器埋深，其含水率分别为 H1（18.6%）、H2（21.4%）、H3（24.2%），均接近各自的灌水处理含水量上限。红壤土质地黏重，测点距灌水器越远，土壤含水率就越低，越是接近灌水器的土层含水率就越高，同时，由于灌溉水向下入渗阻力很大，表层土壤水分挥发到了外界，土壤含水率就随着土壤深度方向呈现出先升高后降低的态势。

（4）不同灌溉技术对果实含糖量的影响情况十分明显：滴灌组略好于透水混凝土渗灌组，而透水混凝土渗灌组明显优于涌泉灌组，涌泉灌组则略优于微润灌组。灌溉技术跟灌水量对比，灌溉技术对果实产量和水分利用效率影响更为显著，各组作物产量最高值为 2021 年 H2 的 39652kg/hm²，比其他各组相应增加了 4.36%～23.78%；而水分利用效率亦是 H2 组最高，比其他组相应增加了 0.67%～30.15%。且果实产量和水分利用效率与果实含糖量仍具有一定相关性。总体来看，不同灌溉技术对各项指标的影响大小依次为：产量、水分利用效率、含糖量、枝条、果实大小、果形指数。产量、水分利用效率和果实含糖量均为果实的重要技术参数。试验证明了红壤条件下，滴灌技术相较于微润灌、透水混凝土灌溉技术、涌泉灌技术这 3 种灌溉技术，更适用于蜜橘的种植和生产。试验证明，滴灌技术在果实含糖量、果实产量与耗水系数等指标均要稳定优于其余各组。综合分析，不同灌溉技术的作用效果大小依次为：滴灌、透水混凝土灌、涌泉灌、微润灌。因此，应将滴灌技术作为培育本地蜜橘产业的主要节水灌溉方式。为缓解当地的水资源危机以及促进当地果实质量和产量的提升，应当采用滴灌技术灌溉方式结合中水组灌水量，以提升当地蜜橘产业的竞争力。

第5章
主 要 结 论 和 建 议

5.1 主要结论

本书致力于研究微灌技术在丘陵红壤条件下对蜜橘质量和节水效益的影响状况，通过对不同灌水定额的研究，确定微润灌、滴灌、透水混凝土渗灌、涌泉灌条件下最适宜蜜橘生长的技术参数。同时，通过灌溉技术之间的对比试验，验证不同灌溉技术在红壤条件下相对于其他灌溉模式的特点和优势。

（1）通过进行室内单点源和多点源滴灌交汇入渗试验，结合 Hydrus-3D 数值模拟表明，单点源滴灌入渗束后不同红壤容重影响下湿润体呈现椭球状，红壤容重对湿润锋的推移过程及湿润体的形状有较大的影响，容重越大湿润锋推移速度越慢，湿润体在水平方向的推移范围大于垂直方向，湿润体呈现扁平状。建立了单点源滴灌湿润体与容重和入渗时间的回归模型，决定系数在 0.95 以上。相同容重和流量下滴头间距对湿润锋推移、含水率和硝态氮分布有较强的影响，多点源滴灌湿润锋的交汇时间与间距相关，间距越小交汇时间越短。间距为 60cm 时在试验过程中没有发生交汇，对于蜜橘等作物根系附近湿润带的形成不利。其他影响因素相同的情况下，流量越大湿润锋的交汇时间越短，而流量为 8.4mL/min 时对于小间距滴灌设计，不利于水分溶质的入渗，容易形成地表径流，造成水肥流失。

（2）建立了湿润锋交汇时间与流量和间距的回归模型，模型具有很高精度。不同间距和流量下的湿润锋水平和垂直推移速度在入渗开始后的前50min 内较快，后期趋于平缓，流量越大湿润锋推移越远，且同一条件下湿润锋在水平方向的推移距离大于垂直方向。湿润体内的含水率和硝态氮含量受到流量和间距的多重影响，同一间距时流量越小，距离滴头越远含水率和硝态氮则越低。流量为 8.4mL/min、滴头间距较小时，地表 10cm 范围内的土壤含水率和硝态氮含量较高，且地表土壤达到饱和或过饱和状态。流量较大时有利于湿润体范围内水分溶质含量的均匀分配，但影响入渗过程。综合分析认为室内试验容重为 1.37g/cm³ 时，滴头间距取为 40cm、滴头流量取

4.2mL/min 最适宜于红壤的滴灌设计。Hydrus – 3D 模型能够很好地模拟出红壤多点源交汇入渗湿润锋的推移过程，含水率及硝态氮分布，模拟值与 3 个指标实测值的平均相对误差分别为 9.5％、11.5％、9.8％，模型纳什系数 NSE 均在 0.85 以上。Hydrus 模型的模拟精度较高，可用于对多点源红壤滴灌的模拟，但在模拟过程中模型需要考虑试验过程中土壤的装填质量和地表积水状况。

（3）大田试验研究表明，受降雨和土壤水分的影响，蜜橘枝条长度以 S 形曲线增长。果实大小的生长情况不同于枝条，其增长速率变现为表现为先迅速、再变缓、最终稳定。在一定范围内，果树生长指标随着灌水量的增加而增加。但当灌水量增加到一定量时，对枝条生长以及果实大小的促进效果不太明显，甚至会出现下降的现象。同时，灌溉量显著影响果树产量和品质，红壤丘陵区微灌蜜橘适度的水分亏缺可以提高水分利用效率并提高蜜橘产量和品质。

（4）不同灌溉技术对果实含糖量的影响情况十分明显：滴灌组略优于透水混凝土渗灌组，而透水混凝土渗灌组明显优于涌泉灌组，涌泉灌组则略优于微润灌组。与灌水量相比，灌溉技术对果实产量和水分利用效率影响更为显著，各组作物产量最高值为 H2 组的 39652kg/hm²，比其他各组相应增加了 4.36％～23.78％；而水分利用效率也是 H2 组最高，比其他组相应增加了 0.67％～30.15％。果实产量和水分利用效率与果实含糖量仍具有一定相关性。总体来看，不同灌溉技术对各项指标的影响大小依次为：产量、水分利用效率、含糖量、枝条、果实大小、果形指数。

（5）在红壤丘陵地区，滴灌技术相较于微润灌、透水混凝土灌溉技术、涌泉灌技术这三种灌溉技术，更适宜于蜜橘的种植和生产。滴灌技术在果实含糖量、果实产量与耗水系数等指标均要稳定优于其余各组。综合分析，不同灌溉技术的作用效果大小依次为：滴灌、透水混凝土灌、涌泉灌、微润灌。因此，应将滴灌技术作为培育本地蜜橘产业的主要节水灌溉方式。此外，为破解当地水资源供需矛盾以及促进当地蜜橘产量和品质的提升，应当采用滴灌灌溉方式结合中水组灌水量，以实现蜜橘产业高质量发展。

5.2　建议

由于蜜橘的生长发育、产量和品质等受到多因素的影响，本书研究涉及农业气象、水文生态、植物生理、土壤物理等多个交叉学科和知识点。书中受试验时间和条件的限制，还有些问题尚未解决，需要进一步的研究和探索。

（1）本书研究结果尚未在其他气候土壤条件下进行验证。书中结论主要来源于江西省南丰县红壤土试验结果，该地区主要的土壤类型为普通红壤黏性砂质土，而红壤的种类还有砖红壤和赤红壤，故为使结果更加科学，建议在以上两种土壤地区进行对比试验，以验证滴灌技术在不同土壤类型下的可行性以及不同灌水量对作物的影响程度。此外，本书只对南丰蜜橘单一品种进行了试验，并得出了相应的试验结论。为了验证结论的可靠性，建议对柑橘其他品种进行相应试验，全面评估微灌技术在不同柑橘品种上的应用效果，为果园生产提供科学指导。

（2）本书的研究成果推广范围还未完全覆盖当地的广大灌区。尽管高效的节水灌溉技术将在未来逐步取代传统的灌溉方式，但通过调查，当地仍然以人工提水灌溉和大规模大水漫灌为主的传统模式，滴灌、涌泉灌等节水灌溉技术普及率较低，水分利用效率并未显著提高。为了提高水资源利用率，提升当地蜜橘产业稳步发展，加快农业结构的调整和改革，应适当推进以滴灌、渗灌为主的灌溉技术，以实现当地经济效益和环境效益的同步增长。

（3）本书研究基本上是以人工操作为主，缺乏融入人工智能的智慧化灌溉方式。为了替代传统的灌溉模式，节省人力、物力消耗，需要将高效节水增产的灌溉技术与人工智能相结合。建议设置土壤水分监测系统、物联网系统和自动控制系统等，通过计算机系统监测果园的基本土壤情况，并通过远程操控实现精准灌溉。

（4）本书采用的透水混凝土灌水器略为密实，可能会对灌水过程造成一定影响。建议进一步研究灌水器的骨胶比，优化灌水器的设计和材料选择，改善灌水的均匀性和效果，提高滴灌系统的性能和可靠性。

5.3　展望

蜜橘微灌技术在丘陵红壤条件下展现了广阔的发展潜力。微灌技术的显著优势已在蜜橘种植中得到验证，提升了水分利用效率和果实产量品质。未来的研究将继续优化微灌系统设计和参数，并探索该技术在不同土壤条件下的最佳应用模式。针对果农的科普将发挥至关重要的作用，通过教育和培训提高农民对先进灌溉技术的理解和应用能力，从而推动高效灌溉技术的普及和有效使用。通过不断的灌溉技术创新，农业生产将更加智能化和精细化，结合物联网和大数据技术，建立智慧化的灌溉系统将实现水分的精准调控，为灌溉技术的发展提供广阔的发展空间，为果园提质增效提供强大的助力。此外，推广应用蜜橘微灌技术，将为应对水资源短缺和气候变化带来的挑战提供解决方案，促进蜜橘产业的可持续发展。

参 考 文 献

毕经伟，张佳宝，陈效民，等，2004. 应用 HYDRUS‐1D 模型模拟农田土壤水渗漏及硝态氮淋失特征 [J]. 农村生态环境 (2)：28‐32.

曹和平，蒋静，翟登攀，等，2022. 施氮量对土壤水氮盐分布和玉米生长及产量的影响 [J]. 灌溉排水学报，41 (6)：47‐54.

曹俊，费良军，脱云飞，2010. 玉米膜孔灌农田土壤水氮分布特性 [J]. 干旱地区农业研究，28 (1)：16‐20.

曹巧红，龚元石，2003. 应用 Hydrus‐1D 模型模拟分析冬小麦农田水分氮素运移特征 [J]. 植物营养与肥料学报 (2)：139‐145.

晁念文，2021. 智慧农业在促进粮食安全发展过程中存在的难题分析 [J]. 种子科技，39 (21)：121‐122.

陈若男，王全九，杨艳芬，2010. 新疆砾石地葡萄滴灌带合理设计及布设参数的数值分析 [J]. 农业工程学报，26 (12)：40‐46.

陈效民，邓建才，柯用春，等，2003. 硝态氮垂直运移过程中的影响因素研究 [J]. 水土保持学报，17 (2)：12‐15.

程东娟，费良军，雷雁斌，等，2008. 膜孔灌灌施条件下硝态氮迁移分布规律研究 [J]. 干旱地区农业研究，26 (1)：237‐240，245.

程东娟，刘颖，高然，等，2012. 施肥量对膜孔灌土壤氮素动态变化影响 [J]. 灌溉排水学报，31 (2)：38‐42.

程东娟，赵新宇，费良军，2009. 膜孔灌灌施尿素条件下氮素转化和分布室内模拟试验 [J]. 农业工程学报，25 (12)：58‐62.

董瑾，2013. 新型节水设备及其在温室草莓上的应用效果对比 [J]. 农业工程，3 (S2)：27‐30.

董玉云，费良军，任建民. 2009. 土壤质地对单膜孔肥液入渗水分及氮素运移的影响 [J]. 农业工程学报，25 (4)：30‐34.

杜红霞，吴普特，冯浩，等，2009. 氮施用量对夏玉米土壤水氮动态及水肥利用效率的影响 [J]. 中国水土保持科学，7 (4)：82‐87.

尔晨，林涛，夏文，等，2022. 灌溉定额和施氮量对机采棉田水分运移及硝态氮残留的影响 [J]. 作物学报，48 (2)：497‐510.

方芳，2020. 蔬菜种植节水灌溉技术试验对比分析 [J]. 水利科学与寒区工程，3 (3)：12‐25.

费良军，傅渝亮，何振嘉，等，2015. 涌泉根灌肥液入渗水氮运移特性研究 [J]. 农业机械学报，46 (6)：121‐129.

费良军，脱云飞，董艳慧，2009. 灌水定额对玉米膜孔灌氮素转化影响试验 [J]. 武汉大学学报：工学版，42 (5)：592‐595，600.

费良军，脱云飞，穆红文，2008. 膜孔肥液自由入渗土壤铵态氮运移和分布特性试验研究

［J］．干旱地区农业研究，26（3）：193－197.

付金焕，王玉才，朱进，等，2018．不同灌溉模式下微孔混凝土灌水器流量变化规律研究
［J］．节水灌溉（4）：5－10.

高德才，张蕾，刘强，等，2014．旱地土壤施用生物炭减少土壤氮损失及提高氮素利用率
［J］．农业工程学报，30（6）：54－61.

关红杰，李久生，栗岩峰，2014．干旱区滴灌均匀系数对土壤水氮分布影响模拟［J］．农
业机械学报，45（3）：107－117.

郭大应，熊清瑞，谢成春，等，2001．灌溉土壤硝态氮运移与土壤湿度的关系［J］．灌溉
排水（2）：66－68，72.

韩庆忠，向琳，王功名，等，2013．三峡库区脐橙园微润灌溉的初步应用［J］．现代园
艺（21）：18－19.

何小梅，2017．滴灌条件下土壤湿润体特征研究［J］．节水灌溉（8）：26－29.

何玉琴，成自勇，张芮，等，2012．不同微润灌溉处理对玉米生长和产量的影响［J］．华
南农业大学学报，33（4）：566－569.

何振嘉，史全乐，傅渝亮，等，2022．灌水器间距对涌泉根灌双点源交汇入渗水氮运移特
性影响研究［J］．中国农业科技导报，24（5）：157－169.

侯振安，李品芳，等，2008．不同滴灌施肥方式下棉花根区的水盐和氮素分布［J］．新疆
农业科学，45（S2）：57－64.

胡文同，栗现文，江思珉，2021．犁底层容重对微咸水膜下滴灌土壤水盐运移分布的影响
［J］．节水灌溉，（6）：1－8.

胡羊羊，2020．涌泉灌及涌泉根灌土壤水分运移规律研究［D］．南昌：南昌工程学院.

黄凯，蔡德所，潘伟，等，2015．广西赤红壤甘蔗田间滴灌带合理布设参数确定［J］．农
业工程学报，31（11）：136－143.

黄新生，闫永生，2009．涌泉灌技术在桃园的效益分析［J］．山西农经（3）：60－61.

黄耀华，王侃，杨剑虹，2014．滴灌施肥条件下土壤水分和速效氮迁移分布规律［J］．水
土保持学报，28（5）：87－94，301.

贾丽华，2008．玉米膜孔灌农田水氮分布特性和耗水规律试验研究［D］．西安：西安理工
大学.

贾帅，焦炳忠，高洪香，2022．不同渗灌埋深下水氮模式对旱区马铃薯水氮分布及利用效
率的影响［J］．节水灌溉（4）：41－46.

雷志栋，杨诗秀，谢森传，1988．土壤水动力学［M］．北京：清华大学出版社.

李蓓，李久生，2009．滴灌带埋深对田间土壤水氮分布及春玉米产量的影响［J］．中国水
利水电科学研究院学报，7（3）：222－226.

李春龙，2016．新型微润灌溉技术田间应用模式研究［J］．吉林水利（5）：15－18，22.

李慧敏，申丽霞，王瑞军，等，2022．微润灌施下压力水头对湿润锋及土壤水氮运移的影
响［J］．节水灌溉（9）：81－86，92.

李京玲，马娟娟，孙西欢，等，2012．蓄水坑灌单坑土壤氮素迁移转化的数值模拟［J］.
农业工程学报，28（1）：111－117.

李久生，栗岩峰，王军，等，2016．微灌在中国：历史现状和未来．水利学报，47（3）：
372－381.

李久生，杨风艳，栗岩峰，2009．层状土壤质地对地下滴灌水氮分布的影响［J］．农业工

程学报，25（7）：25-31.

李久生，张建君，饶敏杰，2005. 滴灌施肥灌溉的水氮运移数学模拟及试验验证［J］. 水利学报，36（8）：932-938.

李明思，康绍忠，孙海燕，2006. 点源滴灌滴头流量与湿润体关系研究［J］. 农业工程学报（4）：32-35.

李睿冉，2012. Hydrus-2d模型在渠道渗漏数值模拟中的应用［J］. 节水灌溉（11）：71-74.

李夏，乔木，周生斌，2017. 磁化水滴灌对棉田土壤脱盐效果及棉花产量的影响［J］. 干旱区研究，34（2）：431-436.

李显溦，石建初，王数，等，2017. 新疆地下滴灌棉田一次性滴灌带埋深数值模拟与分析［J］. 农业机械学报，48（9）：191-198，222.

李晓斌，孙海燕，2008. 不同土壤质地的滴灌点源入渗规律研究［J］. 科学技术与工程（15）：4292-4295.

李晓宏，2003. 旱地陶罐渗灌技术研究与应用［J］. 干旱地区农业研究（2）：108-112.

李耀刚，王文娥，胡笑涛，等，2012. 涌泉根灌条件下土壤水分运动数值模拟研究［J］. 灌溉排水学报，31（3）：42-47.

栗岩峰，温江丽，李久生，2014. 再生水水质与滴灌灌水技术参数对番茄产量和品质的影响［J］. 灌溉排水学报，33（Z1）：204-208.

廖振棋，范军亮，裴青宝，等，2022. 不同灌水量和灌水器埋深下单坑渗灌红壤水分入渗特性及其模拟［J］. 灌溉排水学报，41（1）：110-118，146.

刘燕芳，2018. 硬水滴灌灌水器堵塞特性和机理研究［D］. 陕西咸阳：西北农林科技大学.

刘玉春，李久生，2012. 层状土壤条件下地下滴灌水氮运移模型及应用［J］. 水利学报，43（8）：898-905.

陆乐，吴吉春，王晶晶，2008. 多尺度非均质多孔介质中溶质运移的蒙特卡罗模拟［J］. 水科学进展（3）：333-338.

栾希忠，2021. 农田水利工程中节水滴灌技术的运用探析［J］. 农家参谋（6）：186-187.

吕谋超，蔡焕杰，黄修桥，2008. 同步滴灌施肥条件下根际土壤水氮分布试验研究［J］. 灌溉排水学报（3）：24-27.

雷呈刚，2016. 新疆棉田多点源滴灌条件下土壤水分运移特性试验研究［J］. 吉林水利（3）：18-21.

马欢，杨大文，雷慧闽，等，2011. Hydrus-1D模型在田间水循环规律分析中的应用及改进［J］. 农业工程学报，27（3）：6-12.

马军花，任理，龚元石，等，2004. 冬小麦生长条件下土壤氮素运移动态的数值模拟［J］. 水利学报（3）：103-110.

马新超，马国财，王海瑞，等，2022. 水氮耦合对温室砂培黄瓜基质水盐，氮运移及产量的影响［J］. 灌溉排水学报，41（5）：34-44.

马增辉，韩霁昌，解建仓，等，2011. 基于Hydrus3D的陕西卤泊滩水盐运移建模方法研究［J］. 陕西农业科学，57（1）：62-65.

毛萌，任理，2005. 室内滴灌施药条件下阿特拉津在土壤中运移规律的研究ⅱ［J］. 数值仿真. 水利学报（6）：746-753.

孟江丽，董新光，周金龙，等，2004. Hydrus模型在干旱区灌溉与土壤盐化关系研究中的

应用 [J]. 新疆农业大学学报（1）：45-49.

孟令刚，范松涛，周燕，2021. 大型平移式喷灌机分布式级联协同导航控制方法 [J]. 农业机械学报，52（10）：137-145，174.

穆红文，费良军，雷雁斌，2007. 膜孔灌肥液自由入渗硝态氮运移特性试验研究 [J]. 干旱地区农业研究（2）：63-66，79.

裴青宝，廖振棋，余雷，等，2020. 红壤多点源滴灌不同间距条件下湿润锋推移特性研究 [J]. 南昌工程学院学报，39（1）：42-47.

裴青宝，刘伟佳，张建丰，等，2017. 多点源滴灌条件下红壤水分溶质运移试验与数值模拟 [J]. 农业机械学报，48（12）：255-262.

秦昌旭，2021. 简析农业渗灌技术进展与应用 [J]. 南方农机，52（11）：78-79.

邵明安，王全九，黄明斌，2006. 土壤物理学 [M]. 北京：高等教育出版社.

沈仁芳，赵其国，1995. 排水采集器原装土柱中红壤元素淋溶的研究 [J]. 土壤学报，32（1）：178-181.

宋海星，李生秀，2005. 根系的吸收作用及土壤水分对硝态氮，铵态氮分布的影响 [J]. 中国农业科学（1）：96-101.

苏德荣，田媛，高前兆，2000. 日光温室中自流式低压滴灌技术的研究 [J]. 农业工程学报，16（3）：73-76.

孙林，罗毅，2012. 膜下滴灌棉田土壤水盐运移简化模型 [J]. 农业工程学报，28（24）：105-114.

汤英，2011. Hydrus-1d/2d 在土壤水分入渗过程模拟中的应用 [J]. 安徽农业科学，39（36）：22390-22393.

田德龙，郑和祥，李熙婷，2016. 微润灌溉对向日葵生长的影响研究 [J]. 节水灌溉，（9）：94-97，101.

田坤，2010. 土壤溶质迁移与混合层深度模拟研究 [D]. 咸阳：西北农林科技大学.

脱云飞，2010. 膜孔灌土壤氮素运移转化特性试验与数值模拟研究 [D]. 西安：西安理工大学.

脱云飞，费良军，董艳慧，等，2009. 土壤容重对膜孔灌水氮分布和运移转化的影响 [J]. 农业工程学报，25（2）：6-11.

汪顺生，武闯，柳腾飞，等，2022. 畦灌条件下不同水肥处理对麦田水氮运移的影响 [J]. 灌溉排水学报，41（12）：18-26.

汪志荣，王文焰，2000. 点源入渗土壤水分运动规律实验研究 [J]. 水利学报（6）：39-44.

王超，顾斌杰，2002. 非饱和土壤溶质迁移转化模型参数优化估算 [J]. 水科学进展，6（2）：184-190.

王成志，杨培岭，任树梅，等，2006. 保水剂对滴灌土壤湿润体影响的室内实验研究 [J]. 农业工程学报，22（12）：1-7.

王虎，王旭东，杨莹，2006. 滴灌施肥条件下土壤铵氮分布规律的研究 [J]. 干旱地区农业研究，24（1）：51-55.

王虎，王旭东，赵世伟，2008. 滴灌施肥条件下土壤水分和硝态氮的分布规律 [J]. 西北农业学报，17（6）：309-314.

王建东，龚时宏，许迪，等，2010. 地表滴灌条件下水热耦合迁移数值模拟与验证 [J]. 农业工程学报，26（12）：66-71.

王娇，邵明安，2022. 土壤一维稳态溶质迁移研究的边界层方法比较 [J]. 土壤学报，59（4）：964-974.

王培华，史文娟，张艳超，2022. 土壤水氮调控对盐碱地棉花生长发育及水氮利用效率的影响 [J]. 灌溉排水学报（9）：33-42.

王全九，2005. 土壤溶质迁移理论研究进展 [J]. 灌溉排水学报，24（3）：77-80.

王全九，王文焰，汪志荣，等，2001. 盐碱地膜下滴灌技术参数的确定 [J]. 农业工程学报（2）：47-50.

王伟，李光永，傅臣家，等，2009. 棉花苗期滴灌水盐运移数值模拟及试验验证 [J]. 灌溉排水学报，28（1）：32-36.

王旭洋，范兴科，2017. 滴灌条件下施氮时段对土壤氮素分布的影响研究 [J]. 干旱地区农业研究，35（3）：182-189.

吴元芝，黄明斌，2011. 基于 Hydrus-1D 模型的玉米根系吸水影响因素分析 [J]. 农业工程学报（S2）：66-73.

武晓峰，张思聪，唐杰，1998. 节水灌溉条件下冬小麦生长期田间氮素迁移转化试验 [J]. 清华大学学报：自然科学版，38（1）：4.

辛琛，王全九，马东豪，等，2004. 用 Hydrus-1D 软件推求土壤水力参数 [C] //第九届中国青年土壤科学工作者学术讨论会暨第四届中国青年植物营养与肥料科学工作者学术讨论会，11，162-165.

邢汕，2022. 农田水利工程高效节水灌溉发展研究 [J]. 黑龙江粮食（1）：56-57.

薛万来，牛文全，张子卓，等，2013. 微润灌溉对日光温室番茄生长及水分利用效率的影响 [J]. 干旱地区农业研究，31（6）：61-66.

姚春生，卢崇靖，孙婉，等，2022. 微喷灌下不同氮肥基追比对冬小麦产量和品质的影响 [J]. 中国农业大学学报，27（10）：54-64.

姚鹏亮，董新光，郭开政，等，2011. 滴灌条件下干旱区枣树根区的土壤水分动态模拟 [J]. 西北农林科技大学学报（自然科学版），39（10）：149-156.

尹娟，王南江，勉韶平，2005. 稻田土壤中氮素运移转化规律的试验研究 [J]. 灌溉排水学报，3：5-7，26.

于秀琴，窦超银，于景春，2013. 温室微润灌溉对黄瓜生长和产量的影响 [J]. 中国农学通报，29（7），159-163.

余根坚，黄介生，高占义，2013. 基于 HYDRUS 模型不同灌水模式下土壤水盐运移模拟 [J]. 水利学报，44（7）：826-834.

岳海英，2010. 滴灌条件下土壤水分运移规律试验研究 [D]. 杨凌：西北农林科技大学.

袁新民，杨学云，同延安，等，2001. 不同施氮量对土壤 $NO_3^- - N$ 累积的影响 [J]. 干旱地区农业研究，19（1）：8-13.

张嘉，王明玉，2011. 非均质渗透介质纵向弥散度数值模拟估算法适宜性探析 [J]. 中国科学院大学学报，28（1）：35-42.

张建君，李久生，任理，2002. 滴灌施肥灌溉条件下土壤水氮运移的研究进展 [J]. 灌溉排水，21（2）：75-79.

张俊，牛文全，张琳琳，等，2012. 微润灌溉线源入渗湿润体特性试验研究 [J]. 中国水土保持科学，10（6）：32-38.

张林，吴普特，范兴科，2010. 多点源滴灌条件下土壤水分运动的数值模拟 [J]. 农业工程学报（9）：44－45.

张林，吴普特，朱德兰，等，2012. 多点源滴灌条件下土壤水分运移模拟试验研究 ［J］.
排灌机械工程学报，30（2）：237－243.

张明智，牛文全，路振广，等，2017. 微润灌对作物产量及水分利用效率的影响 ［J］. 中
国生态农业学报，25（11）：1671－1683.

张振华，蔡焕杰，郭永昌，等，2002. 滴灌土壤湿润体影响因素的实验研究 ［J］. 农业工
程学报，18（2）：17－20.

张志悦，陈皓锐，2011. 基于 Hydrus－1D 模型的冬小麦根系层水分渗漏分析 ［J］. 灌溉
排水学报，30（3）：94－99.

赵蕾，刘润慧，张高煜，等，2023. 不同灌水量对滴灌水稻叶片光合特性及根系内源激素
的影响 ［J］. 中国农业大学学报，28（1）：12－26.

赵新宇，胡羊羊，彭江涌，等，2021. 灌水流量对涌泉灌及涌泉根灌湿润体影响的研究
［J］. 节水灌溉（11）：71－73.

郑彩霞，张富仓，贾运岗，等，2014. 不同滴灌量对土壤水氮运移规律研究 ［J］. 水土保
持学报，28（6）：167－170.

朱德兰，李昭军，王健，等，2000. 滴灌条件下土壤水分分布特性研究 ［J］. 水土保持研
究，7（1）：81－84.

邹小阳，全天惠，周梦娜，等，2017. 微润灌溉技术研究进展及展望 ［J］. 水土保持通
报，37（4）：150－155.

中华人民共和国水利部，2022. 中国水资源公报 2021 ［M］. 北京：中国水利水电出版社.

AL－KAYSSI A W，MUSTAFA S H，2016. Modeling gypsifereous soil infiltration rate un-
der different sprinkler application rates and successive irrigation events ［J］. Agricultural
Water Management，163，66－74.

AMER F，BOULDIN D R，BLACK C A，et al.，1955. Characterization of soil phosphorus by
anion exchange resin adsorption and P 32－equilibration ［J］. Plant and soil，6，391－408.

AMIN S A，NAVABIAN M，VARAKI M E，et al.，2017. Evaluation of HYDRUS－2D
model to simulate the loss of nitrate in subsurface controlled drainage in a physical model
scale of paddy fields ［J］. Paddy and water environment，15：433－442.

ANSARI H，NAGHEDIFAR M R，Faridhosseini A，2015. Performance evaluation of drip，
surface and pitcher irrigation systems：A case study of prevalent urban landscape plant
species ［J］. International Journal of Farming and Allied Science，4：610－620.

ARBAT G，PUIG－BARGUES J，BARRAGAN J，et al.，2008. Monitoring soil water sta-
tus for micro－irrigation management versus modelling approach ［J］. Biosystems Engi-
neering，100（2）：286－296.

BATCHELOR C，LOVELL C，MURATA M，1996. Simple microirrigation techniques for
improving irrigation efficiency on vegetable gardens ［J］. Agricultural Water Manage-
ment，32（1）：37－48.

BARRAGAN J，BRALTS V，WU I P，2006. Assessment of emission uniformity for micro－
irrigation design ［J］. Biosystems Engineering，93（1）：89－97.

BAR－YOSEF B，SHEIKHOLSLAMI M R，1976. Distribution of water and ions in soils ir-
rigated and fertilized from a trickle source ［J］. Soil Science Society of America Journal，

40 (4): 575 - 582.

BARROW N J, 1979. The description of desorption of phosphate from soil [J]. Journal of Soil Science, 30 (2): 259 - 270.

BOUTEN W, SCHAAP M G, BAKKER D J, et al., 1992. Modelling soil water dynamics in a forested ecosystem. I: A site specific evaluation [J]. Hydrological Processes, 6 (4): 435 - 444.

BRANDT A, BRESLER E, DINER N, et al., 1971. Infiltration from a trickle source: I. Mathematical models [J]. Soil Science Society of America Journal, 35 (5): 675 - 682.

BRUCE R R, HARPER L A, LEONARD R A, et al., 1975. A model for runoff of pesticides from small upland watersheds [R]. American Society of Agronomy, Crop Science Society of America, and Soil Science Society of America.

CHE Z, WANG J, LI J, 2022. Modeling strategies to balance salt leaching and nitrogen loss for drip irrigation with saline water in arid regions [J]. Agricultural Water Management, 274: 107943.

CHEN R, CHANG H, WANG Z, et al., 2023. Determining organic - inorganic fertilizer application threshold to maximize the yield and quality of drip - irrigated grapes in an extremely arid area of xinjiang, China [J]. Agricultural Water Management, 276: 108070.

CONCEIÇÃO B S, COELHO E F, SILVA JUNIOR J J, et al., 2021. Simulation of nitrate and potassium concentrations in soil solution using parametric models and Hydrus - 2D [J]. Revista Ambiente & Água, 16: e2606.

COTE C M, BRISTOW K L, CHARLESWORTH P B, et al., 2003. Analysis of soil wetting and solute transport in subsurface trickle irrigation [J]. Irrigation Science, 22 (3 - 4): 143 - 156.

DABACH S, SHANI U, LAZAROVITCH N, 2015. Optimal tensiometer placement for high - frequency subsurface drip irrigation management in heterogeneous soils [J]. Agricultural water management, 152: 91 - 98.

DITTMAR P J, MONKS D W, JENNINGS K M, et al., 2012. Tolerance of tomato to herbicides applied through drip irrigation [J]. Weed Technology, 26 (4): 684 - 690.

EL - NESR M N, ALAZBA A A, ŠIMŮNEK J, 2014. HYDRUS simulations of the effects of dual - drip subsurface irrigation and a physical barrier on water movement and solute transport in soils [J]. Irrigation science, 32: 111 - 125.

FEIGIN A, LETEY J, JARRELL W M, 1982. Nitrogen Utilization Efficiency by Drip Irrigated Celery Receiving Preplant or Water Applied N Fertilizer [J]. Agronomy Journal, 74 (6): 978 - 983.

HAJRASULIHA S, ROLSTON D E, LOUIE D T, 1998. Fate of 15N fertilizer applied to trickle - irrigated grapevines [J]. American Journal of Enology and Viticulture, 49 (2): 191 - 198.

HANSON B R, ŠIMŮNEK J, HOPMANS J W, 2006. Evaluation of urea - ammonium - nitrate fertigation with drip irrigation using numerical modeling [J]. Agricultural water management, 86 (1 - 2): 102 - 113.

JANI A D，MEADOWS T D，ECKMAN M A，et al.，2021. Automated ebb – and – flow subirrigation conserves water and enhances citrus liner growth compared to capillary mat and overhead irrigation methods [J]. Agricultural Water Management，246：106711.

JIA Y，GAO W，SUN X，et al.，2023. Simulation of Soil Water and Salt Balance in Three Water – Saving Irrigation Technologies with HYDRUS – 2D [J]. Agronomy，13 (1)：164.

KANDELOUS M M，ŠIMŮNEK J，2010. Numerical simulations of water movement in a subsurface drip irrigation system under field and laboratory conditions using HYDRUS – 2D [J]. Agricultural Water Management，97 (7)：1070 – 1076.

KHAN A A，YITAYEW M，WARRICK A W，1996. Field evaluation of water and solute distribution from a point source [J]. Journal of irrigation and drainage engineering，122 (4)：221 – 227.

LAHER M，AVNIMELECH Y，1980. Nitrification inhibition in drip irrigation systems [J]. Plant and Soil，55：35 – 42.

LEVIN I，VAN ROOYEN P C，VAN ROOYEN F C，1979. The Effect of Discharge Rate and Intermittent Water Application by Point – source Irrigation on the Soil Moisture Distribution Pattern [J]. Soil Science Society of America Journal，43 (1)：8 – 16.

LUGANA P P S，NARDA N K，2001. Modelling soil water dynamics under trickle emitters – a review [J]. Journal of Agricultural Engineering Research，78 (3)：217 – 232.

MAHMOUD M M A，FAYAD A M，2022. The effect of deficit irrigation，partial root drying and mulching on tomato yield，and water and energy saving [J]. Irrigation and Drainage，71 (2)：295 – 309.

MASHAYEKHI P，GHORBANI – DASHTAKI S，MOSADDEGHI M R，et al.，2016. Different scenarios for inverse estimation of soil hydraulic parameters from double – ring infiltrometer data using HYDRUS – 2D/3D [J]. International Agrophysics，30 (2)：203 – 210.

MEHDIPANAH H，TASHAKKORI A，EMAMGHOLIZADEH S，et al.，2022. Study of the Effect of Transport Distance on Dispersion Coefficient of Sodium Chloride in Horizontal Stratified Sandy Soils and its Simulation with HYDRUS – 2D [J]. Irrigation and Water Engineering，13 (2)：297 – 311.

MISHRA S，PARKER J，1989. Parameter estimation for coupled unsaturated flow and transport. Water Resources Research，25 (3)：385 – 396.

MOHMED A M A，CHENG J，FENG S，et al.，2016. Response of greenhouse tomato growth，yield and quality to drip irrigation [J]. Journal of Irrigation and Drainage Engineering，35，36 – 41.

MÜLLER T，BOULEAU C R，PERONA P，2016. Optimizing drip irrigation for eggplant crops in semi – arid zones using evolving thresholds [J]. Agricultural Water Management，177：54 – 65.

NAKAYAMA，F. S.，BUCKS，D.，2012. Trickle irrigation for crop production：design，operation and management [M]. Elsevier.

PACHPUTE J S，2010. A package of water management practices for sustainable growth and improved production of vegetable crop in labour and water scarce Sub – Saharan Africa [J]. Agricultural Water Management, 97 (9): 1251 – 1258.

PHOGAT V, SKEWES M A, COX J W, et al., 2014. Seasonal simulation of water, salinity and nitrate dynamics under drip irrigated mandarin (Citrus reticulata) and assessing management options for drainage and nitrate leaching [J]. Journal of Hydrology, 513, 504 – 516.

PROVENZANO G, 2007. Using HYDRUS – 2D simulation model to evaluate wetted soil volume in subsurface drip irrigation systems [J]. Journal of Irrigation and Drainage Engineering, 133 (4): 342 – 349.

RAJPUT T B S, PATEL N, 2006. Water and nitrate movement in drip – irrigated onion under fertigation and irrigation treatments [J]. Agricultural water management, 79 (3): 293 – 311.

RODRÍGUEZ – SINOBAS L, GIL – RODRÍGUEZ M, SÁNCHEZ R, et al., 2010. Simulation of Soil Wetting Patterns in Drip and Subsurface Irrigation. Effects in Design and Irrigation Management Variables [C] //EGU General Assembly Conference Abstracts, 15064.

SANTOSH T D, MAITRA S, 2022. Effect of drip irrigation and plastic mulch on yield and quality of ginger (Zingiber officinale) [J]. Research on Crops, 23 (1): 211 – 219.

SINGH D K, RAJPUT T B S, SIKARWAR H S, et al., 2006. Simulation of soil wetting pattern with subsurface drip irrigation from line source [J]. Agricultural water management, 83 (1 – 2): 130 – 134.

THABET M, ZAYANI K, 2008. Wetting patterns under trickle source in a loamy sand soil of south Tunisia [J]. American – Eurasian Journal of Agricultural & Environmental Sciences, 3 (1): 38 – 42.

WANG S, LIU T, YANG J, et al., 2023. Simulation Effect of Water and Nitrogen Transport under Wide Ridge and Furrow Irrigation in Winter Wheat Using HYDRUS – 2D [J]. Agronomy, 13 (2): 457.

YAO W W, MA X Y, LI J, et al., 2011. Simulation of point source wetting pattern of subsurface drip irrigation [J]. Irrigation Science, 29: 331 – 339.

ZENG W Z, XU C, WU J W, et al., 2014. Soil salt leaching under different irrigation regimes: HYDRUS – 1D modelling and analysis [J]. Journal of Arid Land, 6: 44 – 58.

ZHANG J, LI J, ZHAO B, et al., 2015. Simulation of water and nitrogen dynamics as affected by drip fertigation strategies [J]. Journal of Integrative Agriculture, 14 (12): 2434 – 2445.